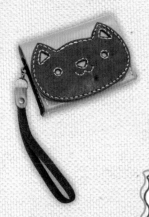

皮革新手
的第一本書

圖解式教學＋Ｑ＆Ａ呈現＋25件
作品＋影像示範，一學即上手！

手作書暢銷作者 楊孟欣 著

新手學習皮件製作的入門書，
300張照片、詳盡的圖解教學，
學習皮件製作的大小問題一次解決，
輕鬆玩皮革，成就感UP！

朱雀文化

輕鬆玩皮趣～

皮件製作是看起來好像很難，但是做起來卻比布料來得容易上手的技術。

算起來，大概是七、八年前開始接觸皮件的創作，在台藝大跟葉明福老師學了皮雕，從皮面的處理、上色、縫製，進而自己嘗試著將皮件製作的技術，與我最熟悉的布料製作相結合，自己製作包包、零錢包、名片夾、手機套等皮件，發現只要把皮革當成厚一點、硬挺的布料看待，似乎就變得沒有想像中那麼難。

雖然是跟了老師學了皮雕，但因為自己是懶惰蟲又偏偏愛自己動手做，在這樣矛盾的情況之下，只好捨棄必須花上一些時間精雕細鑿的皮雕工藝，轉而利用自己製作一般布料包包、產品的技術，來試著製作皮件。確實是部分的皮件製作做工比較簡單，也沒那麼複雜，所以一下子就可以看到成果，漸漸的我也著迷在皮件製作的樂趣，以及作品完成後的成就感，因為輕易就可以做出讓身邊朋友以為又是到哪買來的精品包包，能因此被讚賞，自己也相當開心。

本書也是希望讓初學者建立成就感，進而喜歡手創的樂趣而產生的，書中想盡辦法幫大家省下工具部分的花費，用最最基本的工具，就能完成精緻度很高的作品。在作品款示的設計上，也以實用又美觀的角度來考量，希望大家將書裡面的技法一一練習過後，挑選一件自己比較有把握的作品來嘗試，一回生二回熟，到最後還可以隨性地製作自己喜歡的皮件作品。這是我跟大家分享皮件創作技法的最大樂趣，讓大家也能感受到我初學製作之時的愉悅與滿足。

　　來吧！不管你是否接觸過裁縫、皮雕、皮件製作技法，或者什麼都不會，想從這裡嘗試看看，都沒關係，萬事總有起頭，若能按部就班，照著書中的介紹一步步學習，相信邊學邊看完本書之後，一定有不少的收穫。不要擔心失敗，有嘗試才有成功的機會唷！

　　放輕鬆，一起享受皮件製作過程中的樂趣吧！

楊孟玲

2012.11.

目錄
Concent

CHAPTER ❶
認識工具和材料

我的經驗談

我的經驗談

CHAPTER ❸
開始製作皮件

熊兒鑰匙包
做法參照 p.104

PART ❶
一塊皮做雜貨

PART ❷
兩塊皮完成可愛小物

PART ❸
運用布料與皮革
搭配製作皮件

方型零錢包
做法參照 p.84

PART ❹
零碼皮不浪費

CHAPTER ❶
認識工具和材料

工欲善其事，必先利其器，
學習皮件製作時，
當然就得先認識基本的工具，
這些工具是便於製作精美皮件的好幫手！

Q1 想學做皮件，但預算有限，如何選購工具最精省？

A 在一般人的印象中，製作皮件似乎需要買很多專業的工具，對初學者來說，一次購齊工具實在是一筆不小的花費。其實，皮件製作並沒有想像中那麼難和繁瑣，只要先備齊幾種工具，如家中常見的美工刀、針、剪刀、尺，再搭配下列幾項縫皮用的工具，就可以開始製作皮件囉！來看看基本配備有哪些。

基本工具

❶ 膠版

皮革具有相當的厚度，就算是手感柔軟的皮料，徒手重複縫製仍會傷手，而且很費力，建議備有輔助穿孔的工具。一般會先打好線孔，方便手縫固定縫線，而膠版是皮件製作過程中不可缺少的工具，鑿孔時作為敲打台用。

膠版

❷ 木槌

木槌對於器具的損傷度較低，推薦使用木槌，大賣場均有販售。如果家中只有鐵鎚，也可以用來替代木槌，但切記，鐵鎚對於器具的耗損較大。

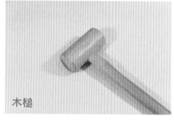
木槌

我的經驗談

木槌該怎麼選

大小適中、好握的木槌很重要，捶打面積太小，容易敲到手指，照片中這種造型的木槌，是標準且好用的大小唷！

❸ 菱斬

鑿手縫線孔時的必要工具，建議備妥單孔菱斬和四孔菱斬。單孔菱斬方便鑿不需等距、圓弧邊線，或是直角處的線孔，四孔菱斬方便鑿直線且必須等距對齊的孔位。

❹ 線繩

製作皮件常用的線，分有棉線和麻線。以麻線來說，以 3 條線撚成的中細 20 號有很多種顏色，一般我都買白色，再以染皮顏料染上搭配皮件的色彩。

❺ 手縫針

縫皮針的針頭比一般針來得鈍，主要是因為一開始就以菱斬等打孔器具打好線孔了，針的功用就是縫線而已。需特別注意的是，因為縫皮線多半比較粗，所以針的穿線孔，必須是線繩可以穿入的大小。

菱斬的種類

菱斬依打出來的孔位分有很多尺寸，如單孔菱斬、四孔菱斬和六孔菱斬。單孔菱斬專門打轉角線孔或單線孔，我自己則常用四孔菱斬，距離上、尺寸上剛剛好，再以單孔菱斬輔助打轉角單孔，就很好用囉！使用六孔菱斬的話，一次敲打就有六孔，相對地，敲打的耗力也較大，建議依據需求購買。

依據打出來的線孔寬度，則有 0.15 公分、0.2 公分、0.25 公分、0.3 公分、0.4 公分、0.5 公分等寬度，購買前要仔細看清楚。

菱斬

線繩

手縫針

手縫針該怎麼選

建議購買長度 5 ～ 7 公分，粗一點、穿線孔大的皮革手縫針，縫製過程會比較順手。

皮革新手的第一本書

❻ 手縫蠟

縫製過程中,麻線在皮料間來回穿梭時,會導致纖維
磨損,所以開始縫製前,需將手縫蠟沾在麻線上,以
吹風機加溫,讓蠟融入線纖維中,增加線的堅韌度,
防止麻線越縫越脆弱、毛躁。操作方法可參照 p.40
的步驟 ❷ ～ ❸ 。

手縫蠟

❼ 剪刀

有布剪、紙剪、線剪等類型。製作皮件時,在皮料上
畫好紙型後,再以剪刀直接剪裁。布剪可以用來修剪
細部,紙剪用來剪紙型及較厚的皮料,線剪用來修剪
縫製過程中的線段。

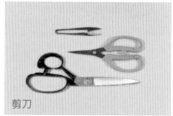

剪刀

❽ 尺

分為方格尺和鐵尺。方格尺用於繪製、丈量平面尺寸,
鐵尺用來輔助切割皮料,適用於美工刀裁皮法,可參
照 p.26 的 Q11。

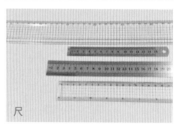

尺

我的經驗談

使用尺的小技巧

切割皮料與紙型時建議使用鐵尺,若使用塑膠尺輔助切
割,尺的邊緣容易被美工刀削掉,而導致壞損,嚴重的話
還會割到手指。正確的使用方法,應該是先以透明的塑膠
尺畫記號點,再使用美工刀或裁皮刀靠著鐵尺切割。

⑨ 錐子

錐子在手工藝中，可説是相當重要的配角、輔助工具，裁縫時錐子可以推送布料便於車縫，在皮件製作上，則可做加工記號點、穿孔等輔助動作。

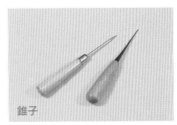
錐子

⑩ 美工刀和切割墊

美工刀是生活中隨手可得的裁皮工具，沒有預算買昂貴的裁皮刀，也可以使用美工刀來裁皮，只要美工刀的刀刃是鋒利的，其實跟裁皮刀一樣好用。裁切皮料時，切割墊是個相當好用的工具，可以防止桌面被割壞。

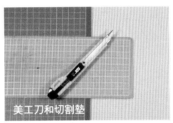
美工刀和切割墊

⑪ 南寶強力膠

白膠、強力膠都可以用來貼合皮料，但我習慣使用南寶強力膠（樹脂），強力膠乾掉後還保有彈性，適合貼合皮革等具有天然纖維的物件。

南寶強力膠

⑫ 厚紙板

皮件製作的紙型用紙，跟拼布、衣服的紙型不同，因為要將紙型壓在皮面上，再以丸筆沿邊描繪輪廓。厚紙板較堅硬，比較便於描繪、保存。

厚紙板

皮革新手的第一本書

如果想要更加專業，哪些工具是必備的？

如果已經能夠做出幾項簡單的皮件作品，想要挑戰更具變化的品項，或是希望作品的外觀看起來更具美感、專業時，可以考慮加購這幾樣升級版的工具！

升級版工具

❶ 裁皮刀

這種可以替換刀刃的裁皮刀，比較不用費工保養，對初學者較為便利。

裁皮刀

裁皮刀的握法

裁皮的時候，讓刀和皮料垂直，刀刃正面朝內，手掌緊握刀柄，拇指按著刀柄頂部，這樣手腕的活動弧度比較靈活，較容易控制裁皮刀。

❷ 手縫固定夾

縫皮的時候，常以膝蓋夾住皮件，針線來回縫合，但久了還是有點累人。有了手縫固定夾，用夾子固定皮革後，來回穿針引線就比較順手。操作方法可參照p.42。

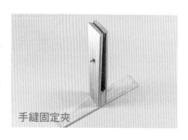

手縫固定夾

❸ 邊線器

邊線器的螺絲可以調節所需的寬度，一邊靠在皮革邊緣，一邊壓在皮革上。垂直壓出的線，可以作為縫合線的基準，有時候也可以作為裝飾線。

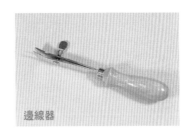

邊線器

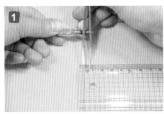

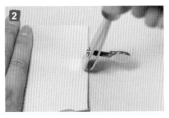

邊線器的用法

1 先轉動邊線器的螺絲，調整邊線器的寬度（通常我都調到 0.4 公分），一邊靠在皮革邊緣，一邊壓在皮革上，沿邊壓出線段。依據打出來的線孔寬度，則有 0.15 公分、0.2 公分、0.25 公分、0.3 公分、0.4 公分、0.5 公分等寬度，購買前要仔細看清楚。

2 垂直握好邊線器，壓線的時候是向下的力道，並且緩緩往自己方向平移。

❹ 壓輪

在要貼合的 2 片皮革上抹膠之後，如果沒有壓輪，就只能靠雙手施壓或是使用木槌敲打，讓皮革彼此黏牢。如果備有一支壓輪，既不會傷害皮革表面，本身的重量加上滾動，還能更加輕鬆地貼牢皮革。

壓輪

壓輪的用法

使用壓輪滾壓貼合處時，如果怕傷到皮面，可以隔一層沒有紋理的紙張滾壓，就可以保護皮面。如果使用的是有紋理的紙張，有時在重壓之下，會在皮面上留下轉印紋理，要特別留意喔！

皮革新手的第一本書

❺ 磨邊器和菜瓜絲

洗碗用的天然菜瓜絲，也是處理皮件的好幫手唷！菜瓜絲的粗糙纖維加上 CMC（皮革背面處理劑），即可打磨皮革的肉面層（背面），使其平滑。磨邊器即是讓皮革邊緣平整的打磨工具。操作方法可參照 p.60～61 的 Q34～35。

磨邊器和菜瓜絲

❻ 刮刀

用來平均刮起黏膠，再平均塗在要黏合的皮面。

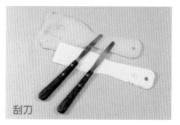

刮刀

❼ 銼刀和砂紙

要讓皮革邊緣變得平順時，可將皮靠在桌邊，利用銼刀磨邊。有些皮的肉面層使用裁刀削薄之後，也可以用砂紙將表面磨平。但是要注意，皮面層不適合打磨，因為打磨的動作會破壞皮的表面。操作方法可參照 p.27。

銼刀和砂紙

❽ 丸筆

在皮料上做線記號或是畫紙型時，丸筆就能派上用場了。

丸筆

丸筆的用法

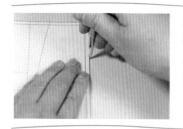

以適當的力道，將紙型壓在皮革上，以丸筆沿邊描繪輪廓。

❾ 豬皮膠

用來清除、沾黏多餘且乾掉的強力膠殘膠，各大美術社皆可買到。使用方法同橡皮擦，只要針對沾膠處輕拭（必須等膠乾），即可清除。但僅限於平滑面（皮面層），如果膠已被皮革吸入，或是沾到粗糙面（肉面層），清除效果則有限。

豬皮膠

Q3 我家剛好有縫紉機，可以利用縫紉機來車縫皮革嗎？

皮料分有軟皮、雕刻皮等厚、薄、硬度不一的種類，一般家庭用的縫紉機，多半只能車縫薄軟皮，而且因為皮料表面和縫紉機壓布腳的摩擦力，會阻礙車縫的進行，有時會造成上下線不平衡，無法正常推送皮革，導致積線、斷針的情況發生，所以需搭配皮革專用壓布腳，也就是「均勻壓布腳」（如上圖）來車縫。

每個縫紉機品牌都有專用的壓布腳，甚至依照機型的不同，還配有專用的壓布腳，建議購買前要核對機種型號，才不會買錯。

均勻壓布腳車縫法

1 關於均勻壓布腳的外觀與裝法，會因每台縫紉機的型號機種不同，而略有差異，本書中的圖片僅供參照。

2 比起布料，皮料通常稍微硬且厚一點，使用家用手提式縫紉機車縫時，必須放慢速度，緩緩車縫，才不會造成車縫針斷掉、積線等問題。

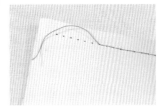

我的經驗談

千萬要注意別縫錯了！

車縫皮革時需特別注意，皮革畢竟和布料不同，如果不小心縫錯了，拆除縫線後針孔並不會密合復原，會留下縫錯的孔洞，因此車縫過程中要小心處理。

皮革新手的第一本書

Q4　皮革的種類有哪些？新手入門該選哪種比較好？

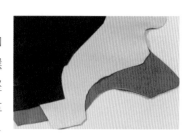

以材料市場中常見的動物皮來劃分，比較容易買到的有牛皮革、豬皮革和羊皮革。新手剛學習操作時，建議選擇較柔軟的皮革。如果要製作比較堅挺的作品，可以選擇厚一點的皮革（1.8～2.4公分）；如果想製作小巧、做工細緻的作品，那就選用薄一點的皮革（1.5～1.8公分）。

以下從常見的動物皮料、特殊皮料、加工方式做介紹，讓大家先認識皮革，再依個人需求來選用。

常見皮料

照片中皮革的紋路僅供參考，因為每家廠商加工皮料的方式不一，紋路也會隨之改變。

牛皮

牛皮又分為成牛皮和仔牛皮，特色是質地堅韌、皮紋較細。相對於成牛皮，仔牛皮的質地更柔軟細緻。成牛皮適合做大一點的皮件，如公事包。仔牛皮柔軟細緻，適合做皮鞋及小巧的錢包。

豬皮

豬皮相對牛皮來說，質地較軟、紋理明顯，比起大部分的牛皮，豬皮稍有些微的伸縮彈性，通常可以用來當作皮包的內裡，或者製作柔軟的女用包包。

羊皮

羊皮較柔軟、輕薄，可以作為衣料，質感精緻，皮鞋也常以羊皮製作。

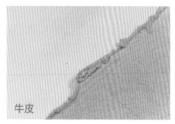

牛皮

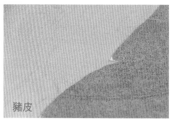

豬皮

羊皮

特殊皮料

帶毛的皮

這是染了藍色顏料的羊毛皮，是購買皮料時老闆送我的。這類特殊皮料還有鱷魚皮、蛇皮等，可用來搭配皮件作品，小小一塊價格卻不便宜。

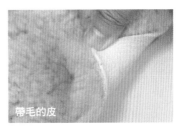
帶毛的皮

雞爪皮

雞爪也可以製皮唷！天然的皮紋鞣製成皮後，乍看之下很像蜥蜴皮、蛇皮等爬蟲類皮料，感覺很特別，但面積不大，所以能運用的範圍有限。

雞爪皮

皮料加工法

植物鞣

植物鞣屬於較古老的鞣製法，利用植物原料來鞣製皮革，質地比較堅韌、硬、結實。色澤較淺，容易吸收油分，使用久了會有自然的黃褐色澤，燃燒時無毒性。

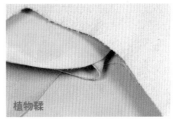
植物鞣

鉻鞣法

以鉻作為主要原料，相較於植物鞣，可在短時間內製成可用的皮革，大量生產多半都使用鉻鞣法。鉻鞣皮料的質地柔軟、便於縫紉、具伸縮性，染色較為偏藍的白色，染色後著色穩定，不易變色，但燃燒後會產生有毒物質。

鉻鞣法

我的經驗談

什麼是鞣製呢？

這邊有提到一個新詞「鞣製」，大家可能比較陌生，鞣製是製作皮革的方法，生皮經過清洗後，將皮上的毛髮和脂肪去除，以鞣製劑浸泡後，生皮便具有防腐性。

皮革新手的第一本書

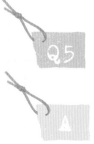

Q5 皮有分正反面嗎？

皮有分正反面，正面稱作「皮面層」，反面叫做「肉面層」。

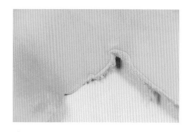

皮面層

皮革正面稱為「皮面層」，較為光滑。

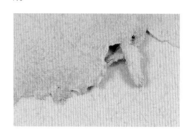

肉面層

皮革反面稱為「肉面層」，纖維比較清楚，摸起來毛毛的，部分皮料則有粗粗的感覺。

我的經驗談

為什麼有些皮的皮面層有美麗的壓紋？

一般鞣製後沒有加工的皮面，紋理較細，部分皮料得仔細看才看得出皮紋。至於那些有明顯紋路的皮革，多半是事後加工而成的壓紋。像下圖分別是圓點點壓紋及皺褶壓紋，使用這類皮革，可以讓皮作品的外型更具有變化性。

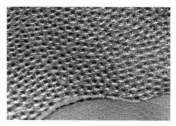

特殊動物皮的質感

手揉皺褶的質感

Q6 裁剪皮料有沒有方向的問題？可以隨意裁剪嗎？

皮料和布料一樣有方向性。從頸部到尾部是水平向，而從背部到足部則是垂直向，會依皮膚肌理和生物功能，產生不同的堅韌性和伸縮性。沿版型裁皮時，要依據想要製作的物品的功能和設計需求，選擇最適合的皮料部位來剪裁。

認識皮的各部位和功用

整片皮

半才皮

背部皮

彈性較小，延展性不大，比較不容易變形，紋理也較為平整，適合製作需要大面積，或是需要承受重量、不能變形的物品，比如說袋身、需要長度的背帶、腰帶等。

腹部皮

纖維較粗、鬆軟、較具彈性，而且有延展性，可以用來製作體積小、不太需要承受重量的物品，像是零錢包、皮夾、卡片套、鑰匙包和筆套等。

足部皮

面積不大、不規則，因為是動物活動量較多的部位，所以肌理粗糙、皺紋最多，可以用來製作面積小、不必承受重量的作品。

皮革新手的第一本書

Q7 我不太瞭解皮料的計算單位，買皮的時候要怎麼跟店家說？

A 在台灣的材料市場，皮料面積多半以「才數」來計算。每才是 10 英寸平方（25.4 平方公分），這是小才數的算法，也有以「30 平方公分」為 1 才的計法，價格上仍有差異，購買之前記得詢問清楚。

舉例來說，1 才＝ 30 公分 X 30 公分＝ 900 平方公分，3 才＝ 900 平方公分 X 3 ＝ 2,700 平方公分（小才 25 公分的算法以此類推）。

因此，購買皮料的時候，多半只能購買一整片完整的皮，很難要求店家在一片完整的皮料上，只裁下你所指定的大小。雖然少數店家有零賣小片裁過的皮料，但多數可遇不可求，完全碰運氣。通常買到的大多是整片的皮、半才皮。

我的經驗談

皮料都呈不規則狀，那怎麼量才數呢？

現在幾乎都不用人工的方式來量才數了，工廠有特殊的電腦儀器，掃描之後，電腦便會自動計算皮料的才數。

以動物體型分類

整片皮

如果是體型小的動物，多半能買到整片的皮，如羊皮。以台灣的才數來算面積，市售羊皮平均面積為 2 ～ 6 才不等（要看體型的大小）。羊皮、豬皮等比較適合柔軟質感的作品，像是女用皮包、衣料、有垂墜感的物品。

半才皮

成牛皮鞣製時，是從背部將皮切一半來進行鞣製，所以我們購買的一片牛皮，大多是半隻成牛的大小。以台灣的才數來算面積，市售半才牛皮的平均面積為 7 ～ 24 才不等（要看牛的體積大小）。牛皮等較堅韌、硬的皮料，適合製作粗獷、極簡風格的袋類，以及設計上需要堅挺感的物品。

以皮料製法分類

完成處理和染色的皮

台灣皮革手藝行所賣的皮料還有兩大類，一類是不管牛皮、羊皮、豬皮，都已經做好表面處理、染好顏色的皮革，購買回來時，只需裁剪成所需大小，就可以用來製作作品。

雕刻皮

另外有一種是皮雕用的硬皮，多半是沒有經表面處理、染色的原皮，特性是堅硬、扎實。因為皮雕是在皮面上進行雕花的工藝，所需的皮革厚度較厚，也因為沒有做過表面處理及染色，所以想要自己染皮色的話，可以選購這種皮料試試。

皮雕成品

購買回來的雕刻皮，經過切割、以工具印上花紋、染色、做表面處理等加工設計後，呈現出特別的質感。

完成處理和染色的皮

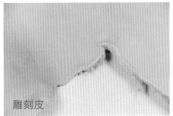
雕刻皮

皮雕成品

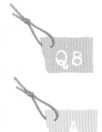

Q8　材料、皮料都買齊了，該從哪裡開始下手？

準備好基本的工具，也買了皮料之後，興奮地想趕緊開始製作了！在製作之前，最好先瞭解製作皮件的大致流程和步驟，才不會發生要打孔了才想到忘記染色、要縫合時才發現版型沒有剪好等情形。

接 p.22

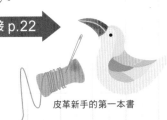
皮革新手的第一本書

製作皮件 6 步驟

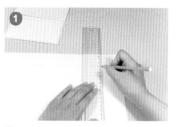

❶ 畫紙型

在厚紙板上繪製紙型，使用厚紙板製作的紙型較不易破損，也便於轉描到皮革上。

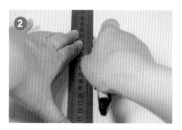

❷ 裁切皮料

轉描紙型在皮革上後，以剪刀、美工刀、裁皮刀沿著紙型剪裁皮革。操作方法可參照 p.26 的 Q11。

❸ 染色

如果皮革需要染色，得先做表面處理，防止使用久了產生的髒汙破壞皮件表層，操作方法可參照 p.32 的 Q14。

❹ 黏貼

把要縫合的皮革先上膠貼合固定，操作方法可參照 p.37 的 Q17。

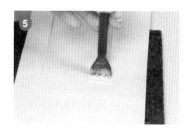

❺ 打孔

貼合後用菱斬打出線孔，操作方法可參照 p.38 的 Q18。

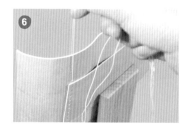

❻ 縫合

進行縫合，操作方法可參照 Q19～23。

Q9 皮的邊緣需要收邊嗎？

皮的特性跟布料不一樣，因為布料是由纖維所組成，所以不收邊就會鬚邊，皮就沒有這樣的問題。雖然皮沒有鬚邊的問題，不做其他處理也無妨，但為了讓皮邊更加美觀、精緻，可以試試塗抹邊油。

抹邊油更美觀

在皮料邊緣塗上邊油，又是另一種不同的精緻感。

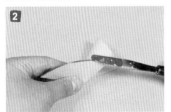

上邊油的方法

1 邊油有各種顏色，可依照需求購買，也可以自行調色，稠度跟壓克力顏料差不多，可以利用竹筷子或是刮刀沾取調好的邊油，塗在皮料的邊緣。

2 以竹筷子或刮刀沾取適當的分量，上邊油時盡量塗抹平整。由於邊油呈膏狀，建議初學者可以嘗試使用竹筷子來上邊油，會更容易上手。

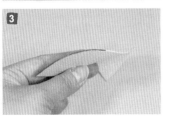

3 如果第一層上得不平均，可以待乾掉後再上第二層，操作過程中如果不慎沾到皮面層或肉面層，若是皮面層，可以趁邊油還沒乾時用濕布擦拭；若是肉面層，只能先等它乾掉，再用乾淨的刮刀刮除，但仍會留下痕跡，所以上邊油時一定要小心，邊油乾後遇水就不會化開。

皮革新手的第一本書

Q10　皮料該怎麼保養呢？

皮料其實很耐用，且用久了的皮件會透出特別的色澤，可以說使用越久，越有質感，自然散發出獨特的風味。但仍必須好好保養，才不致容易損壞。保養方法很簡單，只要記得以下幾個重點。

保養皮料 4 大重點

❶ 一定要防潮

長期不使用皮件時，要確定存放的環境是否合適，像是保持環境乾燥、溫度適中都相當重要，不然皮件容易長霉。

❷ 發霉怎麼辦？

如果不小心發霉了，只好先用微濕的布擦掉發霉的部位，然後曝曬在陽光下殺菌。但如果太嚴重時，可能就沒救了。皮料最怕的就是發霉，所以要不定時檢查、保持環境乾燥，也可以在皮件中放入乾燥包。

❸ 皮革髒掉了

皮料都有毛細孔，很怕油汙、顏料，加上這些物質的滲透力強，沾到後就算盡速處理，也無法完全清除，只能盡量避免。但百密總有一疏，不小心沾到時，千萬不要使用去光水、酒精來清理皮件，大部分的化學用品多半會傷害皮革，建議拿到專門清理皮件的專門店處理。

❹ 皮革碰到水了

弄濕的皮料可先用吸水的布料或衛生紙按壓，盡量吸取水分。如果是包類，吸水後，可以塞入揉過的報紙來調整固定包包的外型，並放在通風的地方陰乾，千萬不要曝曬在高溫的陽光下及使用吹風機，這些急速高溫乾燥的方式會造成皮革硬化或變形。

CHAPTER ②
必學基本功

皮件製作的基本功,只要稍加練習,
熟記每個細節,
就可以輕鬆地製作精美的皮革作品囉!

Q11 從來沒有裁剪過皮料,好怕剪壞,怎麼辦?

A 其實裁剪皮料不難,只要描好紙型,做好記號點,再以剪刀、美工刀或者裁刀來裁剪皮革,就能順利裁好。

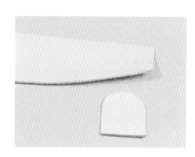

輕鬆裁皮法

剪刀裁剪皮法

1 準備一把自己握得慣、刀刃鋒利的剪刀。這把剪刀就專門用來裁剪皮革,不要用在其他地方,這樣可保持刀刃的鋒利度。

2 將紙型放在皮面層上,利用丸筆描繪好圖形。

3 如需在皮面上做加工記號,可利用錐子來做點記號。通常記號點都是用來標註打圓孔、線的起始點等的記號標示,只要看得到就可以了,不用太明顯,以免傷到皮面。

4 用剪刀沿著丸筆畫下的記號線剪好皮革。

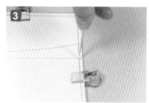

美工刀裁皮法

1 準備一把鋒利的美工刀和鐵尺,剛開始的方法和「剪刀裁剪皮法」一樣,先用丸筆描畫好紙型。

2 操作時要注意尺和美工刀擺放的方向,左手固定鐵尺,右手握美工刀,以垂直方向切割皮料。

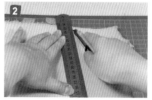

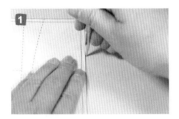

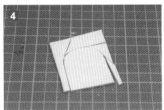

1 將紙型放在皮面上，利用丸筆描繪好圖形。

我的經驗談

利用小夾子作輔助，可以避免紙型錯位

描畫紙型時，為了避免紙型錯位，或者破壞皮面，可用小夾子固定紙型和皮革喔！

2 皮革底部墊著切割墊，參照 p.12 的 Q2 握好裁皮刀，沿著裁切線垂直切割皮料。

3 裁切過程中，碰到弧形或是角度時，左手要適時輕微轉動皮革。

4 弧型的部位要分段切割，若一次切斷容易失敗。

我的經驗談

用銼刀來磨順皮革邊緣

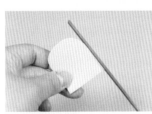

裁切好弧形的皮革時，可以用銼刀打磨皮革的邊緣，讓弧形更加平順。裁完皮後，可將皮靠在膠版邊緣，用銼刀將皮的邊緣磨順。

Q12 將兩片皮黏合後作品會太厚，一點都不美觀，怎麼辦？

A 想要減少兩片皮貼合後的厚度，卻不想讓這個部位的厚度和其他部位落差太大，或是打算減少厚度便於加工時，最好的方式就是「削皮」，也就是把皮革削薄。

簡單削皮法

利用裁皮刀削皮是快速又方便的方法。大面積的刀片可以平行的角度一點點削去皮的厚度，多加練習便可輕易上手。

裁皮刀裁皮法

1 要將兩片皮革貼合，但又很想減少厚度時，就可以先將兩片皮革都削減一半的厚度，再進行黏合。

2 削皮前，可以先用錐子做削皮範圍的記號，也就是削皮止點記號，以免削掉過多皮革。

3 使用裁皮刀從肉面層朝外削薄。肉面層的說明參照 p.18 的 Q5。

4 將皮削成適當的薄度之後，把兩片皮重疊在一起，會發現皮革變薄了，這時就大功告成囉！

Q13 找不到喜歡的皮色，可以自己染色嗎？

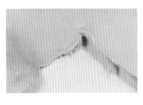

當然可以囉！幫皮革染色其實很簡單，先挑選喜歡的淺色皮料，通常以米黃、米白的雕刻皮為佳，然後準備好下列的工具和染色材料。利用染料染好皮革之後，皮革的表面和背面都必須再以專用劑做特別的處理，才能常保色澤鮮豔。先來看看需要準備哪些染料和表面處理材料。

認識皮革染料

染料可分成水性溶劑跟油性溶劑兩種，多數染料具有半透明感，如果皮革本身的顏色過重（有些原皮是米白色，有些則是淺咖啡、土黃色），會影響染色後的成色。常見的染色材料有酒精性染料、壓克力顏料等，特性不同，建議可依需求購買嘗試，但要留意，不同性質的染料不可以混色。

皮革專用酒精性染料

這種染料屬於滲透性的染料，會直接被皮革吸收，價格較便宜，美術社就可買到。使用時，多以棉布沾取，再均勻塗抹在皮面圖上。特性是方便渲染，屬於透明性的顏料。由於防水的緣故，乾掉後不易清洗，所以要留意避免沾到木頭等物品，以免無法去除顏色。而皮革染料中，就屬酒精性染料染的顏色最服貼且色調鮮明，也可以加酒精或水稀釋，同性質的染料還能自由混色。

壓克力顏料

壓克力顏料屬於覆蓋性的顏料，很難被皮革吸收到纖維中，但因為乾掉後不易褪色剝落，很適合用來在皮料上染色，再加上它具有不透明的特性，所以成色不易被原皮色影響。但也有個小小的缺點，就是成品比較缺乏皮的原味和質感。

接 p.30 ➡

皮革新手的第一本書

認識表面處理劑

皮革經過染色後，需在皮面層或肉面層上保護劑（潤飾劑），一般來說，這層保護劑通稱為「仕上劑」（直接取自日文漢字），有保護、潤飾的意思。想要延長皮革的壽命、讓它更加耐用，就必須用仕上劑作處理，如：定色劑、艷色劑，否則處於「裸露」狀態下的皮革，對於油脂、髒汙、灰塵、濕氣、水、陽光和外力摩擦都沒有抵抗力，容易褪色、變髒或不耐用，而減少了皮革的使用壽命和質感。

定色劑

質地有一點像乳霜。皮革上完染料、待乾後，塗上一層定色劑，能有效防止染料褪色，維持色澤。

艷色劑

等定色劑乾了之後，上一層艷色劑，讓皮面顏色更亮麗、更飽和。

認識背面處理劑

皮革完成染色、塗抹仕上劑之後，最後一道皮革處理手續，就是肉面層的處理了。如果肉面層沒有經過處理，摸起來會有毛躁感且容易掉皮屑，除非是某些特殊的設計，才會特意留下這種毛躁的質感。相反地，想要讓肉面層變得平整且不掉屑，背面處理劑就派得上用場了，如：萬寶樹脂、CMC。只要將背面處理劑塗抹在肉面層，可以讓肉面層變得平滑。此外，皮料邊緣也可以使用背面處理劑加以處理，再搭配菜瓜絲和磨邊器，就可以將皮料邊緣磨得光滑囉！

萬寶樹脂

萬寶樹脂又稱作床面處理劑，塗抹後的乾燥速度較慢，摸起來黏黏的。萬寶樹脂分為無色、棕色等。

CMC

天然海藻萃取物，透明無色，用來處理肉面層時，不易影響皮革原本的顏色，乾掉後也不會黏黏的，操作方法可參照 p.60 的 Q34。

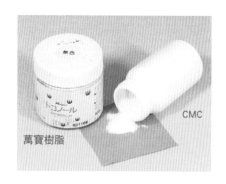

CMC

萬寶樹脂

認識輔助工具

其他還有一些輔助工具，像邊油、棉布、筆刷、調色盤和手套等，有了這些小幫手，皮件製作更加事半功倍！

邊油

用來塗在皮件邊緣的裝飾油，可讓皮件更加堅固且精緻，乾掉之後會形成軟膠質感的裝飾邊，具有裝飾及保護皮件邊緣的效果。

邊油

棉布或化妝棉

用來沾取塗抹在皮料上的染料和處理劑，也可以把已經不穿的棉 T 剪成小片狀，或是用不易起棉絮的化妝棉來替代。

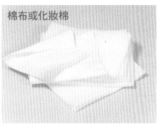
棉布或化妝棉

筆刷（粗、細）

為皮革上色染色時使用。上色的面積較大時，建議使用寬筆刷，比較省力且上色均勻；如果上色的面積較小或是細部，用窄筆刷比較方便。

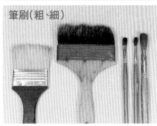
筆刷(粗、細)

調色盤

皮用染料和壓克力顏料乾掉後不好清洗，倘若用的是塑膠製的調色盤，乾掉後更是無法洗淨，而陶瓷或玻璃製的調色盤是最佳選擇。

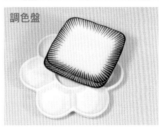
調色盤

塑膠手套

染色操作時使用。皮用染料粒子很細、滲透力強，只要有毛細孔的表面就會附著，我們的手當然不例外。如果手沾到染料，要好幾天才洗得乾淨，戴上手套就不怕有這個困擾了。而且手套具有防滑功能，縫皮時可以省掉很多力氣拔針，也能保護手指。

塑膠手套

皮革新手的第一本書

怎麼染色才會染得好看？

進行染色作業時，該使用筆刷還是布類沾取染料呢？如果使用的是較液態的皮用染料，而且染色面積小，可以用棉布或化妝棉。若皮料面積較大，則建議以寬筆刷上色。皮用染料或者壓克力顏料都可以使用筆刷作為工具。此外，染好顏色後，還要加上表面的處理，也就是上定色劑和豔色劑的步驟。

使用筆刷染色法（適用於各種染皮顏料）

1 筆刷沾取顏料之後，由左到右先上第一層。

2 畫第二層時，先將皮轉向，由左到右、從上到下，以「井字」分層上色為佳。

3 第三層的上色方式同步驟 **2** 。接下來無論是幾層，只要重複步驟 **1** ～ **2** ，反覆數次，直到顏色均勻，建議上 3～4 層即可。

4 補皮面邊緣的色差。

5 整片皮染好了。

1 將化妝棉或棉布折成 4 等分，大小以拇指和食指便於抓取為佳。

2 將化妝棉沾取顏料後，以轉圈圈的方式，從圓心向外小範圍地上色。

3 從左到右轉圈圈，平緩移動上色。

4 重複操作，直到顏色均勻為止。

使用表面處理劑定色和豔色的方法

1 上色後靜置約 10 分鐘，等顏料乾了之後，用棉布或化妝棉沾取適量的定色劑，以轉圈方式平塗所有上色的區塊。

2 再等大約 10 分鐘，等定色劑也乾了之後，再上豔色劑，塗抹方式和塗定色劑一樣。

3 比較一下做過表面處理之前和之後的皮革外觀吧！照片右上角是做過表面處理的皮革，色澤是不是比左下角沒有處理過的亮麗多了呢？

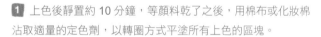

Q15 　怎麼染手縫線？

A　大家可以試試看自己染手縫線。皮用染料防水，兼具不易褪色、容易著色的優點，如果想要讓白色的麻線能搭配皮料的顏色，建議可以利用皮用染料來染線色，染完之後再用吹風機吹乾，或是陰乾就可以使用了。

麻線染色

1 準備欲染色的麻線，量好所需的線長。

2 將染料倒入容器中，調成喜歡的顏色（可以加水稀釋，調成較淡的顏色），再將麻線放入染料中染色。

3 等麻線吸收染料、染上顏色後，晾乾或者用吹風機吹乾。

如果想在皮革上染出花紋、圖形也可以嗎？

當然可以，建議大家利用蜜蠟作輔助，染出效果獨特的皮革喔！這是利用遮蔽的原理，先用蠟液在皮革上繪製圖案，再上色，然後將蜜蠟剝除，達成特殊的上色效果，方法簡單又有趣，還可以發揮創意，讓皮革顏色更豐富、圖案更多樣。

操作前必須到化學材料行或工藝行購買酒精燈組、蜜蠟。蠟染的重點在於，上蠟之前務必用水沾濕皮革表面，這樣才能輕鬆剝除蜜蠟。要準備 2 支筆刷，分別用來沾蠟液和染劑。此外，操作時要特別注意安全！

皮革蠟染法

1 備齊酒精燈具組（含盛裝的容器）、動物毛製筆刷或竹筷子等可以沾取蠟的工具，就可以利用蠟來隔絕染劑、顏料，開始在皮革上進行蠟染囉！

2 以水沾濕要染色的皮面，利用水來阻隔等一下將繪上的蠟，方便染色完成後，能將蠟剝除乾淨。一定不能省略這個步驟，否則蠟將無法剝除。

接 p.36 ➡

皮革新手的第一本書

3 加熱融化蜜蠟，以毛刷或竹筷沾好熱蠟液，在濕潤的原皮表面繪製圖案或花紋。

4 等蠟液乾了之後，以毛刷沾取染劑或顏料，開始染色。

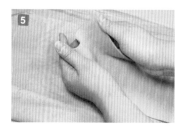

5 等染劑或顏料乾燥後，輕揉皮革，剝除皮革上的蠟。

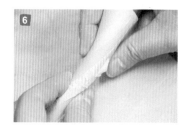

6 再用手仔細地剝，揉過的皮革比較容易剝除蠟，注意要將蜜蠟剝除乾淨。

我的經驗談

為什麼要在通風處操作呢？

蠟煮滾後會產生氣體，那是已變成氣體的蠟，容易造成危險，吸入太多對身體也不好，所以建議在通風良好的空間操作，並注意安全。因為變成氣體的蠟還是會燃燒，當加熱的蠟冒出煙後，應暫時停止加熱，等到蠟的熱度稍退之後，再點火加熱融化。

該怎麼貼合皮片呢？

在進行打線孔、縫線之前，還有一個步驟
不可忽略，必須先將所有該固定的縫片先
上好膠固定，這樣才能確保完成後的皮件
美觀又耐用。

貼合皮片的方法

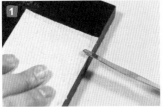

1 在每片皮片的縫份邊緣，塗抹一層南寶強力膠，塗抹時可
以將皮片靠在桌邊或膠版邊緣，作業起來會比較順手。

2 2 片皮片都要上膠，在另一片皮片的縫份處，一樣塗上一
層南寶強力膠。

3 等 2 片皮片的強力膠呈半乾狀態，把它們對齊組合貼好。

4 以壓輪施壓皮片貼合的部位，確保黏貼牢固。

我的經驗談

使用背面處理劑作處理，讓作品更加精緻

如果皮片的肉面層容易毛躁，可以在還未黏合所有皮
片前，參照 p.60 的 Q34，先以背面處理劑將毛毛的
部分磨平整，會更加精緻。這兩張照片是「處理前」、
「處理後」的對照圖，差很多吧！另外，如果想將皮
片邊緣也處理得平整，可參照 p.61 的 Q35 來處理。

肉面層處理前

肉面層處理後

皮革新手的第一本書

Q18 怎麼使用菱斬鑿出整齊的線孔？

在縫製皮革的過程中，完整且整齊的孔洞非常重要，而菱斬是最佳的打孔器具。操作的祕訣就是，無論如何都要讓線孔對齊，而且要維持相同的距離。只要準備好四孔菱斬和單孔菱斬，再參照下面的打線孔方法，就能打好線孔。

菱斬打孔法

1 使用邊線器畫好縫合線。邊線器的介紹和用法可參照 p.13 的 Q2。

3 以四孔菱斬為例，打完前面的孔位後，接下來菱斬的第一孔要對齊剛剛打出的第四孔繼續打，後續的操作方式相同。重疊的打孔方式可以確保每個孔位的距離相等，不會歪斜。

2 用菱斬從右至左開始打線孔，碰到有口袋等多出 1 片皮面時，菱斬的第一齒要跨到口袋外面去打。打孔時菱斬要和皮面垂直，而且每個尖端都要對齊縫合線。

4 底層墊上膠版，握好菱斬，拿穩木槌用力敲打 2～3 下，當菱斬確實穿過皮革後，就可以接續下個動作。

5 快要打到接近末端時（大約剩下4公分左右），將四孔菱斬移到左邊，丈量左到右剩下的距離，並利用按壓菱斬的方式留下孔位的印痕。

7 因為距離縮小了，邊目測，邊使用單孔菱斬微調剩下的孔位。

6 調好剩下的孔位間距後，再改成用單孔菱斬打孔，在直角點時，將單孔菱斬斜放，打出斜角的孔位。

8 大功告成囉！這樣打好的孔位看起來都會是等距的。

Q19　　線要怎麼穿在針上，縫的過程中才不會脫針？

A　　手縫皮革時，一般是一次使用 2 根針，交叉縫製而成，過程中只要留意上下線段整齊一致即可。

接 p.40

皮革新手的第一本書

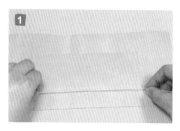

1 拉線丈量要縫線部位的長度，再乘以 3 倍就是大約的所需線長。

2 握著手縫蠟，將線壓在蠟上拉扯，這樣蠟就會附著在線上，來回拉扯 3 ～ 4 次。

3 用吹風機的熱風吹蠟線，讓蠟充分融入線的纖維裡。這是為了讓線在縫製過程中，不致磨損毛躁、斷線。

4 將針穿入距離線端約 2 公分的線纖維之中。

5 將針穿入線纖維中 3 ～ 4 次。

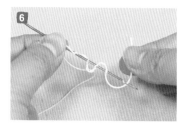

6 將線的短邊導入針的線孔中，然後拉出。

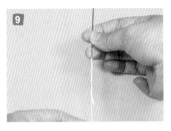

7 將穿在針上的線，朝針線孔下拉。

9 線的另一端，穿針方式也一樣，必須將兩端都穿上皮革縫針後，才能進行縫製工作。

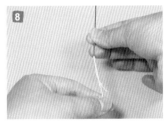

8 調整下拉後的線，讓線平整。

10 兩端都穿針固定後，就可以開始縫皮件囉！

我的經驗談

關於作品手縫線的長度丈量

縫製皮革之前，必須精準地計算縫線長度，避免縫到一半線不夠長。丈量縫線的方式很簡單，通常是需要縫線部分邊長的3倍，如縫邊（打了線孔的位置）有5公分，所需線長即乘上3倍，也就是15公分。

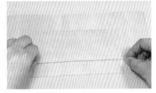

先量所需的線長。拉線丈量要縫線的部位，再乘以3倍就是大約的所需線長。

Q20　穿好針線開始動手，如何起針才會牢固？

A 口袋或者袋子開口等活動受力大的地方，起針時都要特別留意，這邊要教你，如何將袋口等時常活動的地方縫牢，長期使用也不易脫線。

接 p.42 ➡

皮革新手的第一本書

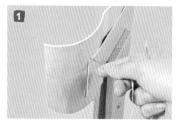

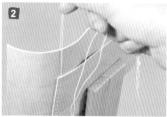

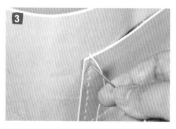

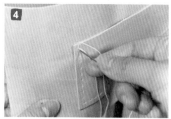

袋口的補強縫法

1 從皮革正面起針。

2 將兩端線段拉到等長。

3 從正面再穿入第二針。

4 口袋等活動受力大的部位,起針處要來回繞 2 圈,也就是在同個線孔繞 2 圈的意思,會比較耐用。

5 將兩端的線拉緊後,就可以開始縫直線囉!

我的經驗談

利用手縫固定夾作輔助

在手縫皮革的過程中,「手縫固定夾」這個小幫手可以讓你更事半功倍。手縫時可以代替雙手固定皮革,有了它,就不用左手拿著皮革,右手縫製了,減少手忙腳亂的情況發生。

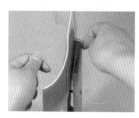

Q21　怎麼縫才會正面、反面都美觀？

皮革作品除了獨特的色澤、氣味令人喜愛之外，還有一個不同於一般手工藝作品的地方，就是縫線和皮革搭配呈現出的特殊質感，所以縫線縫得美觀，對皮革作品來說非常重要。以下的縫法適用於在 1 塊皮上縫裝飾線，以及 2 塊貼合的皮革縫上縫合線的情況。

正面的縫線

反面的縫線

直線手縫法

1 針線穿過第一個線孔，然後把兩端的線段拉到一樣長。

2 從右邊（正面）再穿入第二針。照片中，左邊的線段稱作左手線（下線），右邊的線段稱作右手線（上線）。

3 右手線往上拉，左手線往下拉，這裡要注意，皮革上縫線的方向要一致。

4 穿入左手線時，讓左手線保持在右手線的下方。可以參照照片中 2 條線的相對位置。

5 之後重複步驟 **2** ～ **4** 。

6 留下倒數 3 個線孔，做結尾動作，結尾動作參照 p.46 的 Q23。

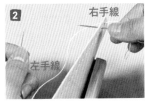
右手線

左手線

我的經驗談

怎麼分縫線的正反面？

通常畫縫線記號、用菱斬打線孔的面，就是縫線的正面，因為這面的線孔是凹進去的，和縫線搭配後會比另一面美觀。反面的線孔因為是凸起的，所以要特別注意，作品有分正反面時，要留意縫線的面！

皮革新手的第一本書

Q22　手縫皮革收尾時，如何讓線頭不會鬆脫又美觀？

手縫皮革無法像手縫布料一樣，簡單在背面打個結，然後用內裡布把結藏起來就解決一切。皮革的縫線收尾藏不太住，加上只打普通的單結，容易讓又厚又硬的皮革鬆脫。這邊要教大家把線頭藏起來，還可以保持堅固不鬆脫的方法，以下的收尾法適用於縫合 2 片皮革時。

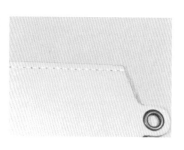

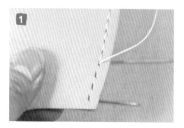

1 縫到剩下最後 3 個線孔的時候，準備進行收尾的動作。

3 收尾動作從左手線開始，以平針縫縫到最後的線孔。

2 照片中，皮革下方的線段稱作左手線，上方的線段稱作右手線。

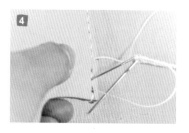

4 雖然是以左手線單條線縫到最後，但仍要留意正、反面的線方向，讓回針第 2 條線入孔位時，疊出來的線段仍是整齊的。

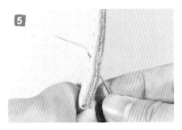

5 當左手線回針到倒數第 2 個線孔時入針，由第 3 個線孔出針，這時針會呈現照片中斜插的樣子。

8 雙手拉緊兩端的線。

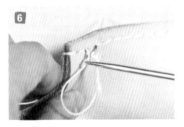

6 要出針前，先以錐子沾膠塗在距離線孔約 0.5 ～ 1.5 公分的線段上，等抽出針時拉緊線，這樣膠會隨著經過線孔的線沾在線孔中，讓線更牢固。

9 拉緊線段後剪去多餘的線。

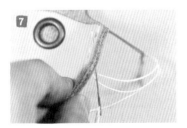

7 接著換位於倒數第 4 個線孔的右手線，由倒數第 3 個線孔入針，並從另一面的第 2 個線孔出針，出針前線段也比照步驟 **6** 上膠。

10 以針沾取一點點膠，點入剪掉線的線孔中固定線頭，再以針調整線頭，直到看不到綻開的線。

皮革新手的第一本書

有的時候好不容易縫得非常整齊、縫線又順，但卻敗在收尾的地方，真的很可惜，以下要告訴大家如何完美收線。這種收線法適用在 1 塊皮片上縫裝飾縫線，或者位於中間部位的縫線。

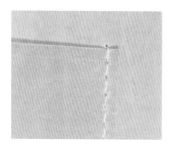

1 縫到剩下最後 3 個線孔的時候，以左手線入針，準備做收尾的動作。

2 接著，左手線繼續以平針縫縫到最後一個線孔。

3 留意下針時，線的方向要保持一致，也就是回針時要留意線在孔位裡的方向（參照 p.43 的 Q21）。

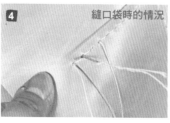

縫口袋時的情況

4 仍以左手線回針。照片中以有口袋的作品當作範例，如果碰到有口袋的情形，縫線可以多繞一圈加強，讓口袋更加牢固。如果只是縫裝飾線，則可以直接跳至步驟 **5** 。

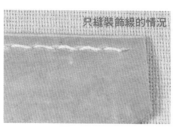

只縫裝飾線的情況

5 左手線回針到正面倒數第 3 個線孔的時候出針。

10 翻到皮革背面，將 2 條會合的縫線交叉打 1 個單結，照片中左邊的針從第 4 個線孔入針。

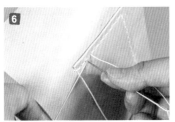

6 換右手線在倒數第 3 個線孔入針，注意右手線要在左手線上方。

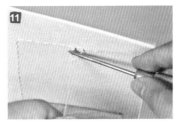

11 同步驟 **7** 的上膠方式，在拉緊縫線前先沾上膠。

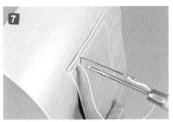

7 左手線在倒數第 4 個線孔入針，並在接近線孔約 1 ～ 1.5 公分的線上，用錐子塗上膠。

12 將兩端的縫線平均拉緊後，剪去多餘的縫線。

8 拉緊上膠的縫線。

9 以錐子調整上膠的線到整齊為止。

皮革新手的第一本書

Q24 如果軟皮和厚一點的布料厚度差不多，可以用縫紉機車縫嗎？

一般家庭常用來車縫布料、做拼布作品、袋類、衣服的手提式縫紉機，如果用來車縫具有厚度的皮革，其實有點困難度，不過一些較薄、軟的皮革，還是可以嘗試用縫紉機車縫看看。縫紉機配上專門的「均勻壓布腳」就能車縫。此外，如果沒有壓布腳，也可以試試用「紙卡」代替。

搭配壓布腳

縫紉機只要配上「均勻壓布腳」，車縫皮革就不成問題，但是太厚太硬的皮革，建議避免用手提式縫紉機車縫，通常用來車縫布料的縫紉機因力道不夠，縫皮革可能會造成機器故障、斷針、積線。

車縫皮革（壓布腳）

1 車縫前建議先上膠貼合要車縫的部位，如果不想在完成後看到車縫線，那就得從皮革的肉面層車縫，所以要在皮面層的縫份處塗膠，小心不要超出縫份範圍，以免完成後出現瑕疵。

2 將 2 片都塗上薄膠的皮革，正面對正面對齊貼合。

3 貼合後，從肉面層車縫，如果是弧線，車縫過程中可用手輔助微調皮革，幫助車縫弧線。

4 車縫完成囉！

5 將皮革翻到正面前，如果有弧形邊緣，建議使用鋸齒剪修剪，方便翻正後，邊緣平順美觀。如果沒有鋸齒剪的話，也可以用剪刀修剪，只要留意修剪過程中不要剪到車縫線。

6 皮革不管再怎麼薄，仍比布料硬，多少會增加翻面的難度，造成皮革表面出現皺痕，所以翻面時要特別留意。

7 皮革翻正後，稍微調整外形即可。

沒有專用壓布腳該怎麼辦？

我的經驗談

沒有專用壓布腳，還有一個小撇步可以車縫皮革，那就是利用紙卡。皮革和縫紉機壓布腳在車縫過程中會產生摩擦，不易往前推進，易造成車縫過程中積線、斷針，加上皮革有別於布料，針穿刺過後會留下針孔，所以不容許車縫失敗再拆線重車一次，而墊紙卡可以稍微避免這個問題。不過還是要留意，畢竟家用縫紉機不是專門車縫皮料的機器，仍會有失敗的風險，車縫前，建議拿剪剩不用的皮料車縫看看。

搭配紙卡

車縫皮革（紙卡）

1 準備好紙卡。

2 把紙卡墊在壓布腳下，並且閃過車縫針線的位置，車縫過程中左手隨時控制紙卡保持位置，放慢車縫速度。

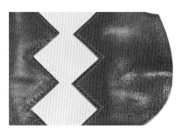

3 大功告成囉！搭配紙卡車縫完成的作品。

皮革新手的第一本書

Q25　在皮革上打洞時，要特別注意些什麼？

在皮革上打洞時，沒辦法用粉片畫記號線，以及使用珠針做記號，因為這些都會對皮革造成傷害，所以只能以紙卡搭配鐵筆來做記號。只要照著下列步驟，多加練習即可上手，但要特別留意，其他多餘的動作，都有可能在皮革上留下無法磨滅的痕跡。

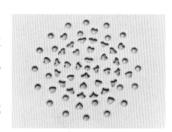

皮革打洞

1 準備打洞工具、膠版、木槌。

2 在皮革上，沿著紙型利用錐子描繪要打洞的圖形、位置。

3 以現有的打孔工具，先在紙型上打好想要的排列，然後再描到皮革上，市售的打孔工具圖樣很多，可依需求購買。

4 如果是打圓孔，只需要以錐子標記打洞位置即可。

5 打洞前要確認位置無誤，如果是圓形打具，錐子做的記號點就是圓心，記得打具要對齊記號點。

6 打具要垂直對準記號點，再以木槌敲打打具頂部，敲打約 3〜4 下。打洞時打具要拿穩。

7 木槌的握法只要正確，敲打時就不用花費太多力氣。正確和錯誤的握法可參照右邊這 2 張圖。

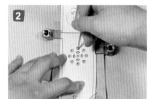

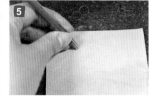

什麼是雞眼？能做什麼？

雞眼就是鉚丁，可以用來固定配件、作裝飾，分有很多尺寸，每個尺寸都有對應的打具，購買時也要連同打具一起購買，才能成功安裝。

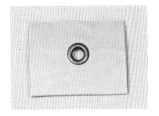

搭配工具名稱

一個完整的雞眼釦組合包括：表片、裡片、雞眼座、雞眼打具和打孔器等。

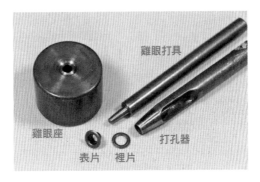

安裝雞眼

1 安裝雞眼之前，要先打好孔位，孔位大小需對應雞眼的尺寸。

2 將雞眼的表片，從皮革正面的孔位套入，雞眼表片一般都是裝在作品的正面。

3 將套上表片的皮革放在底座上，這時皮革的正面朝底座。通常每種尺寸的雞眼都有相對應的安裝底座，購買時要留意尺寸。

4 在背面套上雞眼裡片。

5 放上雞眼打具，然後用木槌敲打打具上方就完成了。

Q27　什麼時候需要使用到固定釦？

固定釦是個很便利的五金配件，可以用來固定配件，兩端都呈圓凸狀，所以很適合安裝在沒有分正反面的作品上，如背帶、手機吊帶，都常常運用固定釦來製作、固定裝飾。和雞眼一樣，固定釦也有尺寸相對應的打具，購買時要留意。

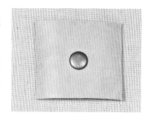

搭配工具名稱

一個完整的固定釦組包括：固定釦座、固定釦打具、打孔器、公片和母片。

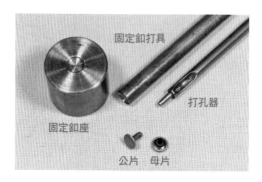

固定釦打具
打孔器
固定釦座
公片　母片

安裝固定釦

1 安裝固定釦之前，要先打孔位，孔位大小需對應固定釦的尺寸。

2 將固定釦公片套入皮革正面的孔位。

3 將套上公片的皮革放在底座上，此時要將皮革的正面朝底座。一般來說，每種尺寸的固定釦都有對應的安裝底座，購買時要留意尺寸。

4 從皮革背面套上固定釦的母片。

5 使用固定釦打具，套在母片上，以木槌敲打即成。

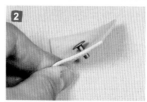

Q28　皮件常用的四合釦,該怎麼固定呢?

四合釦常用於袋子的袋口、皮夾的開口釦耳等處,也是常見又好用的五金配件,分有不同的直徑,輔助安裝的打具也都有對應的尺寸,購買時要留意。

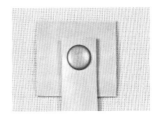

搭配工具名稱

一個完整的四合釦組包括:四合釦母片表片座、四合釦母片打具、公片打具、母片底片、母片表片、公片表片、公片底片。

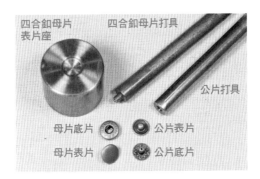

四合釦母片表片座　　四合釦母片打具

公片打具

母片底片　　公片表片

母片表片　　公片底片

安裝四合釦的方法

1 在皮革上打洞之後(也可以錐子穿刺一個孔位),在皮革背面套上公片底片,正面套上公片表片。

2 使用公片打具套在公片表片上,搭配木槌敲打安裝。

3 將母片表片放置在表片座上,套上皮革(此時皮革的正面朝底座)。

4 從背面套上母片底片。

5 以母片打具搭配木槌敲打固定。

6 安裝完成。

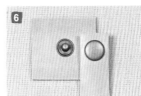

皮革新手的第一本書

Q29　可調整長度的肩背帶怎麼做？

肩帶的製作方式很簡單，且用途很廣，只要做包包，都可能需要用到這種安裝日型環和問號鉤的做法，跟著簡易的步驟動手試試看吧！

做法簡單的肩帶適用於各種作品，熟記步驟，即可輕鬆上手。

製作肩帶

1 準備織帶、日型環、問號鉤。

2 將織帶從日型環背面穿出，跨過中心桿再回到背面。

3 將較短的那頭往內折，將織帶虛邊藏在內層，如圖所示。

4 在已折好的織帶的中心點，使用錐子穿刺，撐出一個足夠讓固定釦軸心通過的孔位，盡量不要使用打孔工具，避免破壞織帶的纖維。

5 安裝固定釦，做法參照 p.52 的 Q27。

6 從織帶另一段套入問號鉤。

7 套入問號鉤以後，接著穿入日型環，覆蓋步驟 **2** 的那端織帶。

8 織帶另一端也在套上問號鉤之後，對摺短邊，將織帶虛邊藏在內層，和步驟 **4** ～ **5** 一樣，以固定釦固定即成

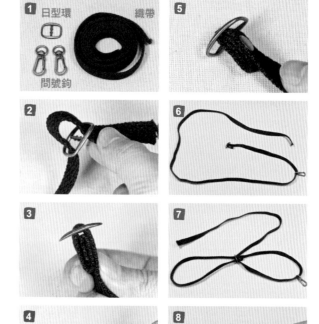

怎麼將拉鍊固定在皮革上？

常用的拉鍊固定方式有兩種，教你簡單操作就可以快速上手！

開拉鍊式	袋口拉鍊式
	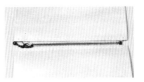
適用於較扁平的作品，如皮夾。	適用於拉鍊包等物品。

開拉鍊式

1 假設拉鍊長度為 15.5 公分，先在皮革上量出長 15.5 公分、寬 1.2 公分的長方形。也可以先在紙型上畫好，再以錐子輕畫轉描到皮革表面。

2 以美工刀切開。

3 以邊線器在邊緣 0.3 公分處做縫線記號，並以菱斬沿線打線孔，方式請參照 p.38 的 Q18。

4 打好線孔後，將拉鍊縫份上膠，皮革的拉鍊位置的肉層面也上膠，然後將兩者對位貼合，此時會看見露出的拉鍊正面，即可開始手縫（照片中是正面），手縫方式參照 Q19 ～ Q21。

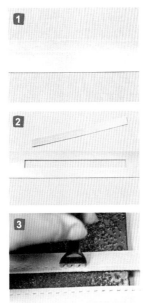

袋口拉鍊式

1 假設拉鍊長度為 15.5 公分，建議左右總長各加 1 公分（含 0.4 公分的縫份），以邊線器在皮革上繪出拉鍊位置的縫線記號，約 0.3 公分，然後以菱斬打線孔。

2 拉鍊在皮革端的固定位置，都事先打好線孔，拉鍊是布料纖維，縫合過程較好以針穿刺，所以不需打孔，待皮革打好孔位後，再與拉鏈貼合（此處可參照「開拉鍊式」拉鏈與皮革的貼合方式）。

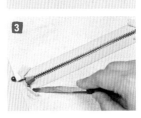

3 將皮革和拉鍊上膠貼合，照片中顯示的是肉面層和拉鍊背面。需留意，拉鍊兩端必須反摺，以利完成後外觀看起來較整齊，將拉鏈與皮革都貼合妥善後，以手縫針縫合，縫合方式參照 p.41 的 Q20。

皮革新手的第一本書

一體成型的皮辮子怎麼編?

皮辮子可用來製作包包的手把、鑰匙環等長條狀的作品,長狀物品如果使用皮辮子,看來更為精緻唷!

細長的皮辮子看似複雜,但實際製作起來卻是相當簡單。

1 將皮革條中間切出兩道直線(為了讓大家易於辨識,這邊以顏色來區分線段)。

2 將照片中的米色段往左下拉。

3 將最右邊的藍段往左拉,疊在粉紅段上。

4 再將米色段往右拉,疊在藍段上。

5 將下端穿入藍段和米色段的空隙。

6 第一次翻轉後正反面混在一起。

 **7** 下段穿入右邊藍段和中間米色段的空隙，接著進行第二次翻轉。

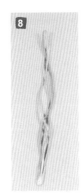 **8** 第二次的翻轉，是為了讓第一次翻轉後混在一起的皮辮子正反面恢復秩序。

 **9** 將第一輪的皮辮子整理好。

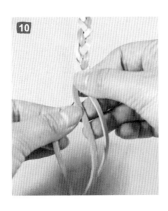 **10** 編法重複步驟 **2** ～ **9**，直到沒有空隙即成。

Q32 皮件上想裝磁釦，該怎麼做？

在皮件製作上，磁釦是最常見的材料了，如製作包包的小口袋、皮夾的口袋、零錢包口袋蓋的固定等，學會安裝之後，就能運用在很多地方。

接 p.58 ➡

簡單的磁釦卻是相當實用的裝置。

 皮革新手的第一本書

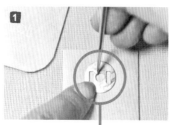

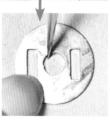

1 安裝磁釦前，可以利用檔片在皮革上對位，並以錐子描繪記號點。照片中兩個「｜」型孔位，是磁釦爪的通過位置，「O」型相當於磁釦的中心點。每組磁釦都會配上一對檔片，用來加強皮革的支撐力，防止使用久了造成安裝磁釦部位的皮革變形。

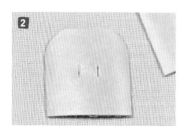

2 描好位置之後，以美工刀割開｜型孔位。

3 照片中的磁釦為母釦，一般安裝在袋子的正面，將母釦套入｜型孔位。

4 正面套上母釦後，背面套入檔片，並以鑷子彎摺磁釦爪，讓它朝著圓心彎摺。

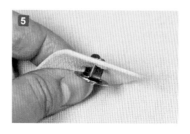

5 較薄的公釦通常安裝在袋子袋蓋端的內層，安裝方式同母釦。

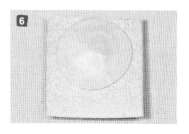

6 通常較精緻的做法，會取一片薄皮，貼在磁釦檔片那面，防止刮傷物品，也具有美化作用。

Q33 皮革不能用熨斗輔助定型，那有什麼方式可以處理需要摺疊的皮革呢？

皮革雖然不能用熨斗定型，但可以使用溫水、半濕布來輔助塑形。在 **Q10** 中提到，皮革遇濕要避免使用吹風機，因為這樣容易造成皮革硬化、變形，但在製作過程中，使用吹風機則可幫助塑形，只是必須留意溫度不要太高，且皮革要在潮濕狀態下以吹風機烘吹。

皮件也可以拗出挺直的外型。

1 配件類，如書中的花型，也是以水濕潤後，以手捏、乾棉布輔助吸收皮革上水分，再以吹風機低溫烘吹定型。處理過程中，以磨邊器的圓弧頂端（細端）頂住花心處，以手壓、捏輔助形成弧形。

2 濕潤後的皮革，以手捏或以磨邊器等木質、表面平滑的器具輔助拗出摺痕後，再塞入紙張或以物品重壓。

3 彎摺厚皮（硬皮）時，一定要先沾水濕潤，否則會導致彎摺處的皮料龜裂。

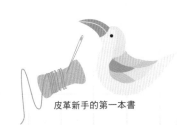

皮革新手的第一本書

背面處理劑要怎麼使用？

一般皮革作品，內層的處理（相當布料內裡處）除了挑選較薄的豬皮進行貼合外，多半也會像布料作品一樣製作內裡，但如果不想加做內裡，也不想再貼合一層皮料來修飾，想要保留皮革本身的質感，使用背面處理劑來磨平肉面層，便是個很好的處理方式。

圖左的萬寶樹脂，又稱床面處理劑，具黏性，呈白色，也有棕色的，可依需求購買。

圖右是 CMC 天然海藻萃取物，粉末狀，需要調和熱水才能使用，使用後皮革色澤改變不大。

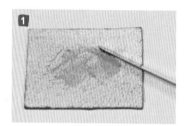

1 用刮刀或手指沾取適量背面處理劑後，塗抹在肉面層。

3 若覺得太乾燥而不好推動，可以再沾取適量的背面處理劑。

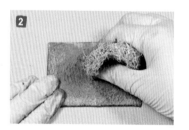

2 使用菜瓜絲，以畫圓、順著皮紋的方式進行打磨。

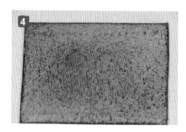

4 重複步驟 **1** ～ **3** ，直至肉面層平滑、不再毛躁為止。

Q35 如何將皮革邊緣修得平順光滑不毛躁？

處理皮革邊緣的方法，除了上一層邊油（p.23 的 Q9）外，還可以將背面處理劑（p.60 的 Q34）塗抹在皮革邊緣，進行打磨，但這個方式，比較適用於有厚度的厚皮、硬皮。

簡單打磨邊緣後，即平順光滑不刮手。

1 準備菜瓜絲和磨邊器。

3 將皮靠在桌邊或是膠版邊緣，再以菜瓜絲來回滑動、打磨。

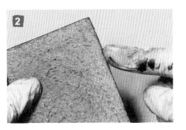

2 邊緣塗上背面處理劑，做法參照 p.60 的 Q34。

4 或使用磨邊器磨邊，直到邊緣變得平滑即可（過程中若覺得太乾燥而推不動，可以補充適量的處理劑）

我的經驗談

邊緣如果處理完善，作品精緻度就會提高！

皮件作品的細節處會影響精緻度，尤其是皮件的邊緣處理，如果細心打磨，讓邊緣圓滑整齊，使用上也會更加舒服。

建議初學者可以先從磨邊開始學習收邊，熟練一點、能掌握皮的特性之後，再嘗試使用邊油處理邊緣。

皮革新手的第一本書

Q36 縫合皮革和布料時，布料也要一起打線孔？

皮革以菱斬鑿線孔時，皮和布不能先黏合，要先將皮打孔後，再和布縫合。使用菱斬鑿孔，是將纖維斬斷而成線孔，但布料是由纖維組成的，如果斬斷，將會破壞布料的耐用度。

皮革與布的搭配組合也很特別唷！

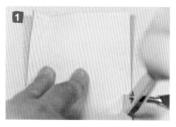

1 先以邊線器繪出縫線記號。

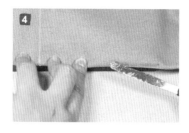

4 在布料上上膠，如果怕上得不平整，可以將不上膠的面積先摺起來，並且靠在凸出的檯面，會比較順手。

2 沿著縫線記號打線孔，方式參照 p.38 的 Q18。

5 貼合布料和皮革。

3 跟一般皮革的處理方式一樣，縫合前先上膠貼合，不同的是，布和皮的縫合，是先在皮革上斬線孔後，再和布料貼合。

6 貼合後即可手縫，方式參照 Q19 ～ Q21。

我的經驗談

為什麼皮料跟布料要分開打孔？

因為皮革較硬，一般在皮上打線孔是方便手縫，而布料較軟，直接手縫就可以了，但如果將布料和皮一起以菱斬打線孔，反而會傷害布料纖維，破壞堅固性，所以在皮革與布料一起縫的狀態下，只需要先將皮打出線孔，再與布料一起縫合。

在布料和皮革上釘固定釦的處理情況

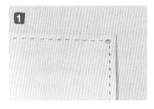

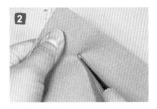

1 如果遇到想安裝固定釦等需要先打孔位的情況下，要將皮革和布料分開處理，皮革的處理方式參照 p.50 的 Q25。

2 布料則以錐子撐開孔位。

3 貼合後可以再以錐子穿刺，確認孔位是否對齊，然後就可以在縫完手縫線後，安裝五金釦配件。

Q37　皮帶頭要怎麼裝上去？

皮帶、手錶帶等釦環的安裝方式幾乎相同，只要熟練安裝步驟，就可以發展出不同的變化。

使用剩餘的皮條，加上合適的皮帶頭，就是百搭的手環裝飾！

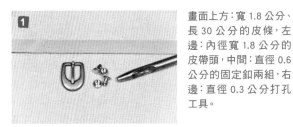

畫面上方：寬 1.8 公分、長 30 公分的皮條，左邊：內徑寬 1.8 公分的皮帶頭，中間：直徑 0.6 公分的固定釦兩組，右邊：直徑 0.3 公分打孔工具。

1 準備與皮條對應、同寬的釦環頭、兩組固定釦及打洞工具。

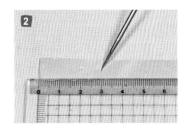

2 丈量固定皮帶頭反摺的長度，約 3 公分左右，並以錐子定出要割出長形孔位的記號點。

接 p.64 ▶

皮革新手的第一本書

3 以打孔器具依據步驟**2** 的記號點，打出兩個圓孔。

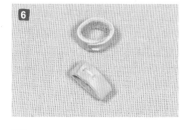

6 使用強力膠貼合接點後，以錐子穿刺兩孔，再以針線縫合加強固定。

4 使用美工刀沿著兩個圓孔邊緣割出兩條直線，形成長形孔位。

7 套入皮帶頭，將皮帶頭中心軸穿過方形孔位後，從另一端套入皮帶固定環，以方形孔位的中心點為中心對摺，並以強力膠貼合。

5 製作兩個皮帶固定環，為了減少黏接點的厚度，在兩端算起約0.5 公分處各削薄厚度，一端在正面削薄，另一端在背面削薄，削去厚度為原本厚度的一半。

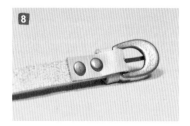

8 以固定釦固定反摺處，安裝固定釦的方法參照 p.52 的 Q27。這裡可依設計選擇固定方式，有時貼合後，以手縫固定也有不同的質感。

CHAPTER ❸
開始製作皮件

對於皮革有了基礎的認識和學會製作方式之後，
就可以嘗試動手做做看囉！
這個單元分成 4 個 PART，
分別是「PART❶ 一塊皮做雜貨」、
「PART❷ 兩塊皮完成可愛小物」、
「PART❸ 運用布料與皮革搭配製作皮件」和
「PART❹ 零碼皮不浪費」。
一共示範了 25 件皮件作品，
都是相當實用的生活小物，
除了自用之外，
也很適合當成小禮物送給親朋好友。

動手製作前先看這

本書隨附一片 DVD 光碟，將光碟放入電腦中，即會自動開始播放影片，跳出影片選單。影片內容有針對書中教學精選的動態教學，看過一遍後，會更加明白書中的圖片教學步驟唷！當然，這片光碟也可放入一般家庭影音設備，就跟看任何影片光碟的操作方式一樣，十分方便。

另外，紙型的檔案也在本片光碟中。把光碟放入電腦時，或許電腦即會開始播放影片，此時按下鍵盤「ESC」鍵，或者按下操作畫面控制面板上停止播放的鍵。接著，在光碟的符號上點選滑鼠右鍵開啟光碟資料夾，其中有個「Redbook-DVD-ROM 內容」資料夾，裡面存放了本書所有的作品紙型，只要對應書中作品所標示的檔案編號，即能找到相對應的紙型。

夾片口金包 做法參照 p.96

如何使用光碟中的原寸紙型？

資料夾「Redbook-DVD-ROM 內容」：
進入「Redbook-DVD-ROM 內容」資料夾後，有兩個資料夾的選項，分別為「jpg」和「pdf」，代表著紙型同時存成.jpg 及.pdf兩種檔案格式，可依電腦的內建軟體，選擇可以開啟的檔案格式。

子資料夾「jpg」與「pdf」：
不論是開啟哪個資料夾，一樣都會看到名為 no_01~no_25 名稱排序的資料夾，分別為 25 樣作品的紙型編號。書中每樣作品的頁面，都會標註上紙型的編號，只要按照書上的編號，到光碟中「Redbook-DVD-ROM 內容」資料夾的子資料夾「jpg」或「pdf」，就可以找到相對應的紙型囉！

如何印出使用？
光碟內所附的紙型檔案，依據書中的紙型大小需求，全部的紙張大小都設定為 A3 尺寸。依照下列步驟，即可印出紙型，開始動手做皮件。

● **步驟一：複製檔案**

將所需的紙型資料夾（包含內容檔案）複製到隨身儲存設備，例如 USB 隨身碟（若家中有可以印出 A3 大小的輸出設備，即可省略此動作）。

● 步驟二：印出檔案

1. 沒有輸出設備者：需將檔案帶到影印店或是便利商店輸出，告訴店員所要印出的檔案紙張尺寸為 A3，且留意縮放設定，確保一定是原尺寸印出，便利商店支援右邊 7 種媒體儲存裝置：

2. 家中有 A3 大小的輸出設備者：無論選擇哪種檔案格式，在按下確定列印前，特別留意縮放比例的設定必須為「100% 正常大小」的選項，方可印出紙型使用。

USB
SMART MEDIA
mini SD
XD
MEM, STICK
SD/MMC
COMPACT FLASH

● 步驟三：將紙型貼在厚紙卡，或描在厚紙卡上加厚使用

皮件作品的紙型，多是以丸筆沿著紙型邊緣描繪輪廓在皮料上。如果直接使用印出來的紙型，會有紙張太薄、太軟，不好使用的問題，建議將印出的紙型以膠水貼在紙卡上，或是將紙型描在紙卡後再剪下使用。

光碟內容說明與檔案目錄索引

1. 本書所附的光碟，可放入家庭影音設備作為一般影片播放，觀看光碟中的影音教學，也可以使用電腦來開啟資料夾，將電子紙型印出使用。

2. 使用電腦讀取 DVD 光碟時，若要觀看影片，一般只要放入光碟機後，便會自動讀取播放。

3. 若要讀取 DVD 光碟中的紙型檔案，即必須停止光碟自動讀取播放程式，再使用滑鼠右鍵選擇「開啟」光碟，進入光碟資料夾內。本光碟內共分有三個資料夾，為「AUDIO_TS」、「VIDEO_TS」和「Redbook-DVD-ROM 內容」。前兩個資料夾，是播放影片所需的檔案，剩下的「Redbook-DVD-ROM 內容」資料夾，即為紙型資料夾，使用方式參照前述步驟。

檔案目錄如下：

頁碼	作品名稱	資料夾名稱	頁碼	作品名稱	資料夾名稱
p.72	摺疊小包	no_01	p.102	貓兒相機包	no_13
p.74	拉鍊包	no_02	p.104	熊兒鑰匙包	no_14
p.76	雕花束口包	no_03	p.106	小鳥包	no_15
p.78	護照夾	no_04	p.108	iPad 小衣	no_16
p.80	票卡夾	no_05	p.112	錢夾子	no_17
p.82	手機袋	no_06	p.116	側背包	no_18
p.84	方形零錢包	no_07	p.119	鉚丁小籃	no_19
p.86	名片夾	no_08	p.122	絲巾口金包	no_20
p.92	捆式筆袋	no_09	p.126	相機背繩	no_21
p.94	口金零錢包	no_10	p.128	印章小袋	no_22
p.96	夾片口金包	no_11	p.130	記憶卡套	no_23
p.100	皮夾	no_12	p.132	手機吊飾	no_24
			p.133	牛皮小花飾品	no_25

PART ❶

一塊皮做雜貨

雕花束口包　做法參照 p.76

手機袋　做法參照 p.82

只需要一塊完整的皮革（這裡的一塊是指 1 才，也就是 30 公分╳30 公分，詳見 p.20 的 Q7），再搭配其他配件，就可以完成精緻的皮件，像是護照夾、手機袋等小物，快動手跟著做做看吧！

摺疊小包 做法參照 p.72

方形零錢包
做法參照 p.84

名片夾 做法參照 p.86

護照夾
做法參照 p.78

票卡夾
做法參照 p.80

拉鍊包 做法參照 p.74

摺疊小包

紙型見光碟 no_01

材料 Materials

羊皮（軟皮）----------
厚度約 0.1 公分、寬 30 公分、長 25 公分 1 片
四合釦--------直徑 1 公分 1 組
縫繩--------寬 0.3 公分、長 15 公分 2 條

做法 How to Do

❶ 沿著紙型，在皮革上以丸筆描繪記號線，依記號線裁剪好皮革後，先將紙型上標示的所有圓孔打洞（做法參照 p.50 的 Q25）。

❷ 安裝四合釦（做法參照 p.53 的 Q28）。

❸ 使用裁好的縫繩，分別將兩端的 10 個圓孔串起、固定即成。此處也可用固定釦固定（做法參照 p.52 的 Q27）。

● 製作順序

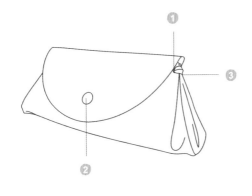

● 排版方式

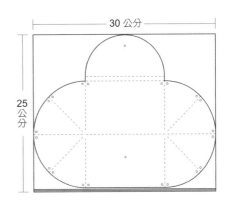

30 公分

25
公分

● 製作方法（重點標示）

3. 使用裁好的縫繩，分別將兩端的 10 個圓孔
串起、固定即成。

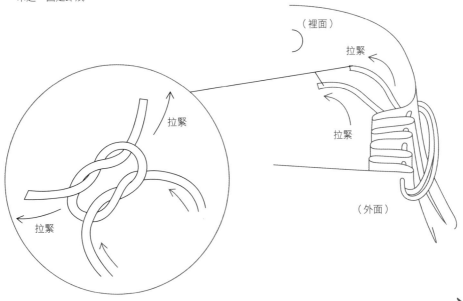

（裡面）

拉緊

拉緊

拉緊

拉緊

（外面）

拉鍊包

紙型見光碟 no_02

材料 Materials

牛皮（硬皮）--------

厚約 0.1～0.2 公分、寬 30 公分、長 25 公分 1 片

手縫麻線--------適量（約為各處縫邊的 3 倍）

拉鍊--------長 20 公分 1 條

織帶--------寬約 3 公分、長 20 公分 2 條

皮用強力膠--------適量

做法 How to Do

❶ 沿著紙型，在皮革上以丸筆描繪記號線，依記號線裁剪好皮革後，依據版型的縫線記號，先在袋身拉鍊固定處打線孔，再將拉鍊貼合在肉面層，織帶接近袋口處上少許的膠，固定在皮面層，接著縫合（做法參照 p.55 的 Q30 袋口拉鍊做法）。

❷ 固定拉鍊尾端的包片。

❸ 手縫縫合所有邊緣（做法參照 p.39、41 的 Q19、Q20）。

● 製作順序

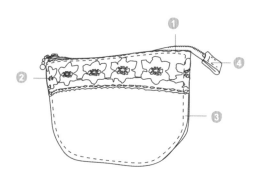

● 排版方式

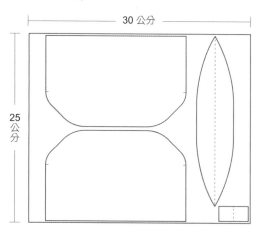

30 公分

25 公分

●**製作方法（重點標示）**

1-1. 先依據版型的縫線記號在袋身拉鍊固定處打線孔，
再將拉鍊貼合在肉面層。

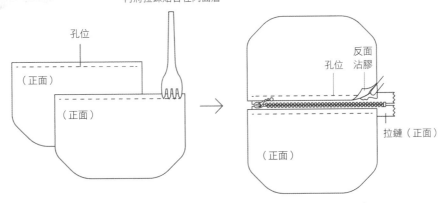

孔位

（正面）

（正面）

反面
沾膠

孔位

拉鏈（正面）

（正面）

1-2. 織帶接近袋口處上少許的膠，
固定在皮面層後與皮革、拉鏈一起縫合。

3. 袋身片袋身兩側貼合止點，
先貼合後打孔（紅色虛線處都要打孔）。

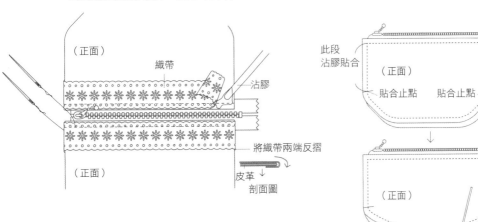

（正面）

織帶

沾膠

將織帶兩端反摺

皮革↓
剖面圖

（正面）

此段
沾膠貼合

此段
沾膠貼合

（正面）

貼合止點　　貼合止點

（正面）

2. 固定拉鏈尾端的包片。

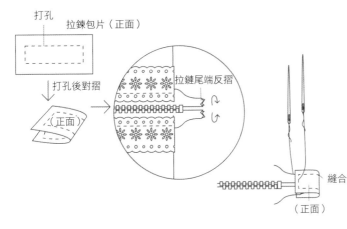

打孔

拉鏈包片（正面）

打孔後對摺

（正面）

拉鏈尾端反摺

縫合

（正面）

↓ 袋底沾膠貼合後，依據
正面的線孔，使用錐子
鑿洞，再將所有邊緣縫
合即成。

雕花束口包

紙型見光碟 no_03

材料 Materials

羊皮（軟皮）----------
厚約 0.1 公分、寬 30 公分、長 15 公分 1 片
皮繩--------直徑 0.3 公分、長 30 公分 2 條
皮用強力膠--------適量
＊可使用縫紉機車縫（參照 p.48 的 Q24）。

做法 How to Do

❶ 沿著紙型，在皮革上以丸筆描繪記號線，依記號線裁剪好皮革後，依紙型描好打
孔位置，先將前片袋身打好花樣孔位（做法參照 p.50 的 Q25）。

❷ 袋口兩側往裡面摺後，直向再反摺，縫合固定（做法參照 p.48 的 Q24）。

❸ 將前後兩片正面對正面，從裡面縫合。

❹ 將縫完成的袋身翻到正面後，左右各穿入皮繩打結，完成。

● 製作順序

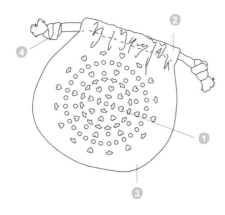

● 排版方式

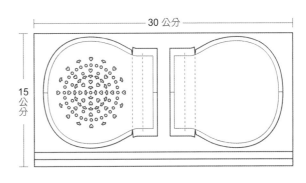

● 製作方法（重點標示）

1. 先將前片袋身打好花樣孔位。

後片袋身（正面）

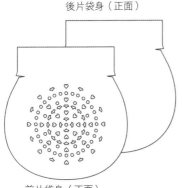

前片袋身（正面）

2. 袋口兩側往裡面摺後，直向再反摺，縫合固定。

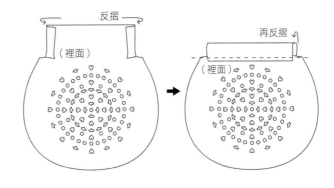

3. 袋身片袋身兩側貼合止點，先貼合後打孔（紅色虛線處），然後手縫。

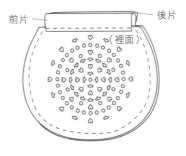

護照夾

紙型見光碟 no_04

材料 Materials

雕刻皮----------

厚約 0.2 公分、寬 30 公分、長 30 公分 1 片
（和票卡夾共用一張皮，染色方式參照 p.32 的 Q14）

手縫麻線---------- 適量（約為各處縫邊的 3 倍）

皮用強力膠-------- 適量

做法 How to Do

1 沿著紙型，在皮革上以丸筆描繪記號線，依記
號線裁剪好皮革後，將左右兩側大、小口袋向
肉面層摺。可先以濕布擦拭皮革，讓皮革濕潤
再進行拗摺，以防太厚的皮革龜裂（做法參照
p.59 的 Q33）。

2 將摺好的皮革口袋縫份處（約 0.4 公分寬）沾
膠貼合後，以菱斬從皮面層打線孔，手縫即成
（做法參照 p.43 的 Q21）。

製作順序

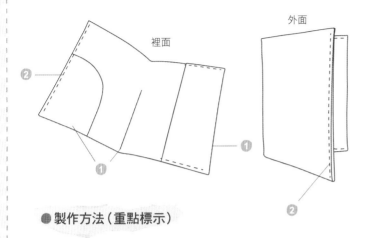

裡面

外面

排版方式

與票卡夾一同剪裁，比較省唷！！

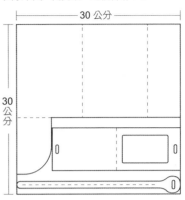

30 公分

30 公分

製作方法（重點標示）

1-1. 以濕布擦拭皮革拗摺處，以防太厚的皮革龜裂。

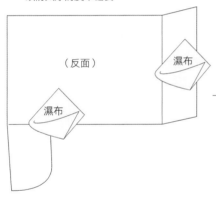

（反面）

濕布

濕布

1-2. 將左右兩邊的大小口袋往反面摺。

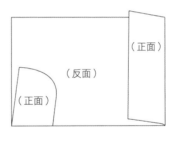

（正面）

（反面）

（正面）

2-1. 縫份先沾膠貼合。

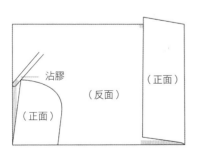

沾膠

（正面）

（反面）

（正面）

2-2. 貼合後，以菱斬從皮面層打線孔，手縫即成。

縫份 0.4 公分

打孔

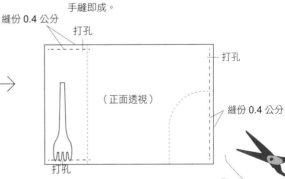

（正面透視）

打孔

打孔

縫份 0.4 公分

皮革新手的第一本書

票卡夾

紙型見光碟 no_05

材料 Materials

雕刻皮----------

厚約 0.2 公分、寬 30 公分、長 30 公分 1 片

（和護照夾共用一張皮，染色方式參照 p.32 的 Q14）

手縫麻線--------適量（約為各處縫邊的 3 倍）

皮用強力膠--------適量

做法 How to Do

❶ 沿著紙型，在皮革上以丸筆描繪記號線，依記
號線裁剪好皮革後，先處理鏤空處，接著以濕
布擦拭皮革，讓皮革濕潤再進行拗摺，以防止
太厚的皮革龜裂（做法參照 p.59 的 Q33）。

❷ 將摺好的皮革口袋縫份處（約 0.4 公分寬）沾
膠貼合後，以菱斬從皮面層打線孔，手縫即成
（做法參照 p.37、38、39、43 的 Q17、Q18、
Q19、Q21）。

● 製作順序

● 排版方式

與護照夾一同剪裁，比較省唷！！

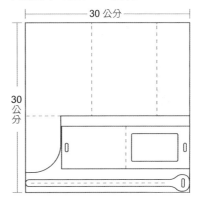

● 製作方法（重點標示）

1-1. 依照紙型裁剪皮革，處理鏤空處。

1-2. 以濕布擦拭皮革，讓皮革濕潤再進行拗摺。

2-1. 沾膠貼合縫份。

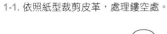

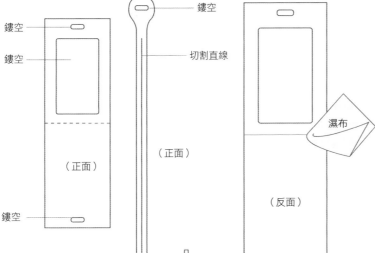

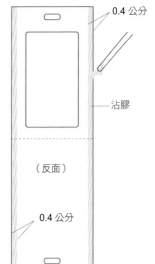

鏤空

鏤空

鏤空

鏤空

切割直線

（正面）

（正面）

（正面）

濕布

（反面）

0.4 公分

沾膠

（反面）

0.4 公分

2-2. 以菱斬從皮面層打線孔，手縫即成。

（反面）

0.4 公分

（正面）

濕潤後對摺。

0.4 公分

皮革新手的第一本書

手機袋

紙型見光碟 no_06

材料 Materials

雕刻皮（硬皮） ----------
厚約 0.2 公分、寬 21 公分、長 18 公分 1 片
手縫麻線 ---------- 適量（約為各處縫邊的 3 倍）
雞眼 ---------- 直徑 1 公分 2 組
皮繩 ---------- 直徑 0.4 公分、長 110 公分 1 條
皮用強力膠 ---------- 適量

做法 How to Do

❶ 沿著紙型，在皮革上以丸筆描繪記號線，依記號線裁剪好皮革。先將需要安裝雞
眼的部位以圓孔打具鏤空，必須留意打具的大小，需配合雞眼的直徑。本作品建
議使用大尺寸的雞眼，這樣會比較好穿入皮繩，看起來也比較帥氣（安裝雞眼的
方式參照 p.51 的 Q26）。

❷ 縫合兩片袋身袋底兩端的開口，以皮革的背面對背面，縫份 0.4 公分，打 3 個線
孔縫合。

❸ 使用皮用強力膠，將兩片袋身從縫份處貼合後，以邊線器繪出距離邊緣 0.5 公
分的縫線記號，以菱斬打線孔後，進行縫合（做法參照 p.37、38 的 Q17、
Q18）。

❹ 將皮繩套上即成。可以放得下 iPhone4。

● 製作順序

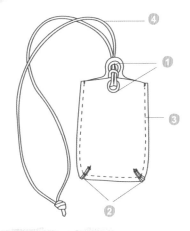

● 排版方式

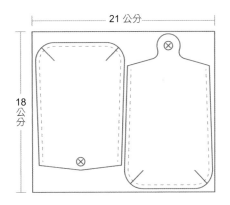

● 製作方法（重點標示）

1. 依照紙型剪裁皮革，並將雞眼孔位打好
   （安裝雞眼的方法參照 Q26）。

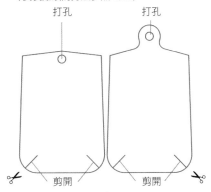

3. 將兩片袋身從縫份處貼合後，以邊線器
   繪出距離邊緣 0.5 公分的縫線記號，以
   菱斬打線孔後，進行縫合。

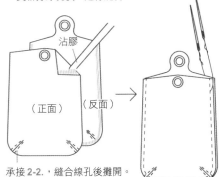

承接 2-2.，縫合線孔後攤開。

2-1. 縫合兩片袋身袋底兩端的開口。

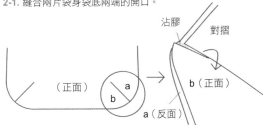

2-2. 貼合後，再打線孔，
     約 3 個線孔，並且縫合。

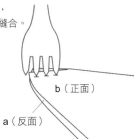

4. 將皮繩套上，即成。

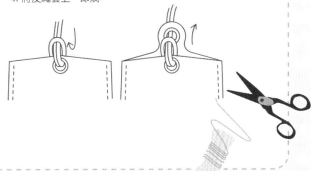

皮革新手的第一本書

方形零錢包

紙型見光碟 no_07

材料 Materials

雕刻皮（硬皮）
厚 0.2 公分、寬 15 公分、長 30 公分 1 片
（自行染色參照 Q14)
磁釦
直徑 1.4 公分 1 組
手縫麻線
（約為各處縫邊的 3 倍）
皮用強力膠
適量

做法 How to Do

1 沿著紙型，在皮革上以丸筆描繪記號線，依記號線裁剪好皮革後，分別在外片的方形端、裡片的半圓端裝上磁釦（安裝磁釦的方式參照 p.57 的 Q32）。

2 貼合袋口蓋的裡片。

3 參照製作方法圖中兩側膠黏組合的位置，將兩側的皮革貼合在外片的肉面層上。

4 使用邊線器畫縫線（參照紙型的縫線記號），再以菱斬打線孔。因為這個作品較為立體，打孔位時，可以先在外片正面打孔，再使用錐子從外側片穿刺後，進行縫合即成（做法參照 p.38、39、41、43 的 Q18、Q19、Q20、Q21）。

● 製作順序

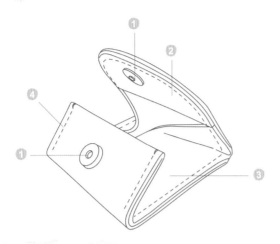

● 排版方式

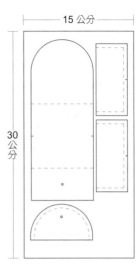

● 製作方法（重點標示）

1. 安裝好的磁釦公片。

2. 貼合袋口蓋的裡片。

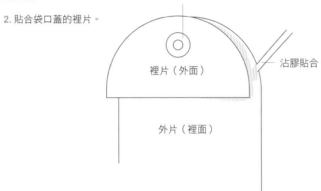

裡片（外面）

沾膠貼合

外片（裡面）

3. 將兩側的皮革貼合在外片相對位置的肉面層上。

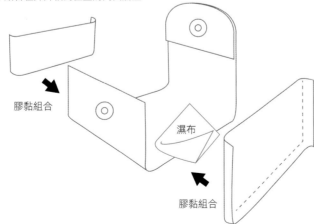

膠黏組合

濕布

膠黏組合

皮革新手的第一本書

名片夾

紙型見光碟 no_08

材料 Materials

牛皮--------

厚約 0.2 公分、寬 20 公分、長 18 公分 1 片

四合釦-------- 直徑 0.8 公分 1 組

手縫麻線-------- 適量（約為各處縫邊的 3 倍）

皮用強力膠-------- 適量

做法 How to Do

❶ 沿著紙型，在皮革上以丸筆描繪記號線，依記號線裁剪好皮革。先將孔位鏤出，並裝上四合釦，蓋片打上母釦組，身片重疊處打上公釦組（做法參照 p.53 的 Q28）。

❷ 如果皮革柔軟好摺，可免去使用濕布沾水濕潤，將左、右、下方的皮革朝肉面層摺疊。

❸ 參照紙型的位置標示，以四孔菱斬左右各打一次（四個線孔），手縫即完成。

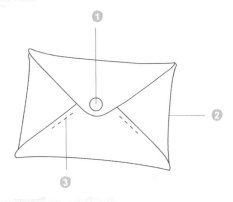

● 製作順序

①

②

③

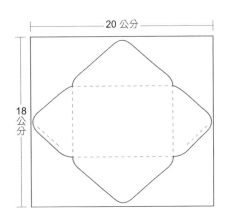

● 排版方式

20 公分

18 公分

● 製作方法（重點標示）

1-1. 依記號線裁剪好皮革，先將四合釦孔位鏤出，
四合釦的安裝方式參照 Q28。

2-1. 肉面層朝自己，將左右兩邊往內摺。

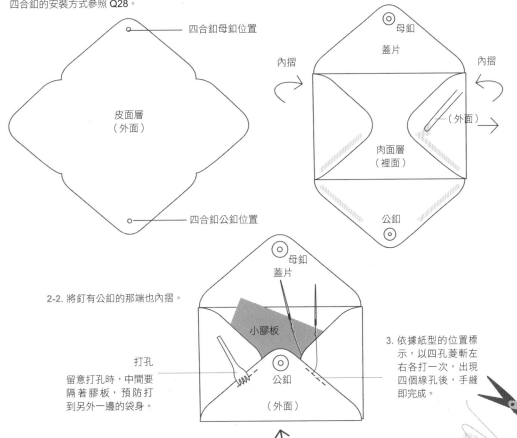

四合釦母釦位置

皮面層
（外面）

四合釦公釦位置

母釦

蓋片

內摺

內摺

（外面）

肉面層
（裡面）

公釦

2-2. 將釘有公釦的那端也內摺。

母釦

蓋片

小膠板

打孔

留意打孔時，中間要
隔著膠板，預防打
到另外一邊的袋身。

公釦

（外面）

內摺

3. 依據紙型的位置標
示，以四孔菱斬左
右各打一次，出現
四個線孔後，手縫
即完成。

皮革新手的第一本書

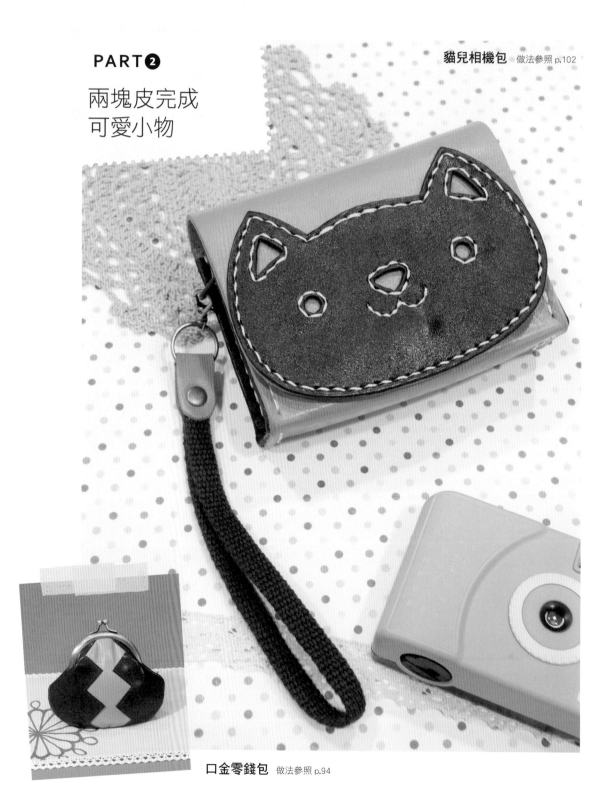

PART②

貓兒相機包 做法參照 p.102

兩塊皮完成
可愛小物

口金零錢包 做法參照 p.94

運用兩塊不同顏色的皮革作搭配，讓皮件作品更有變化性，也更具美感。挑選自己喜愛的顏色，發揮創意組合搭配，這也是製作皮件時的一大樂趣唷！

小鳥包 做法參照 p.106

iPad 小衣 做法參照 p.108

捆式筆袋 做法參照 p.92

夾片口金包 做法參照 p.96

熊兒鑰匙包
做法參照 p.104

皮夾 做法參照 p.100

捆式筆袋

紙型見光碟 no_09

材料 Materials

雕刻皮（自行染色參照 p.32 的 Q14）
厚約 0.2 公分、寬 26.5 公分、長 55 公分　1 片
扁型緞帶頭 ———————— 寬約 1 公分　1 組
吊飾 ———————— 直徑 2 公分內　1 組
C 型圈 ———————— 直徑 0.4 公分　1 組
手縫麻線 ———————— 適量（約為各處縫邊的 3 倍）
皮用強力膠 ———————— 適量

扁型緞帶頭

做法 How to Do

❶ 依照紙型裁剪皮革後，先將紙型上標示的所有花樣孔位打洞（做法參照 p.50 的 Q25）。

❷ 將綁繩編織成辮子（做法參照 p.56 的 Q31），再將扁型緞帶頭及吊飾使用 C 型圈串連後，夾在辮子緞帶頭接處即可。

❸ 將內口袋袋蓋弧形邊及內口袋上緣，依據紙型記號線先以邊線器畫縫線後（縫份約為 0.4 公分），使用菱斬打線孔，並縫上裝飾縫線（做法參照 p.38、39、41、43 的 Q18、Q19、Q20、Q21）。

❹ 參照製作順序圖，將所有縫片與綁繩以膠貼合縫線記號處（做法參照 p.37 的 Q17）。

❺ 依據紙型的記號線，使用邊線器描繪線記號後，以菱斬打線孔並手縫固定，內口袋中，3 條分隔線也接著打孔，縫合即成。

● 製作順序

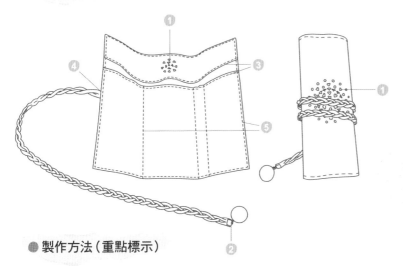

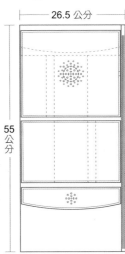

● 排版方式

26.5 公分

55
公
分

● 製作方法（重點標示）

2. 使用鑷子將 C 型圈夾合。

夾緊

3. 將內口袋袋蓋弧形
   邊及內口袋上緣，
   依據紙型記號線
   先以邊線器畫縫
   線後（縫份約為
   0.4 公分），使用
   菱斬打線孔並縫
   上裝飾縫線。

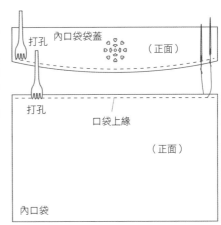

打孔　　內口袋袋蓋　　　（正面）

打孔

口袋上緣

（正面）

內口袋

4. 將所有縫片與綁繩以膠貼合縫線記號處。

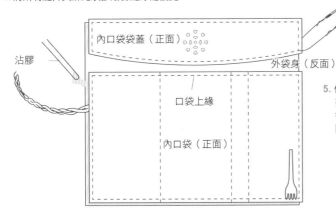

沾膠

內口袋袋蓋（正面）

外袋身（反面）

口袋上緣

內口袋（正面）

5. 依據紙型記號線，使用邊線器
   描繪線記號後，以菱斬打線孔
   後手縫固定，內口袋中，3 條分
   隔線也接著打孔，縫合即成。

皮革新手的第一本書

口金零錢包

紙型見光碟 no_10

材料 Materials

A 色皮（軟皮）----------
厚約 0.1 公分、寬 15 公分、長 24 公分 1 片
B 色皮（軟皮）
厚約 0.1 公分、寬 7 公分、長 14.5 公分 1 片
內裡布 -------- 寬 15 公分、長 24.5 公分 1 片
內裡夾棉（背膠）---------- 寬 15 公分、長 24 公分 1 片
弧形口金 ------- 寬 8 公分 1 組
棉繩或紙繩 -------- 粗約 0.2 公分、長 15 公分 2 條
手縫麻線 -------- 適量（約為各處縫邊的 3 倍）
皮用強力膠 -------- 適量
＊可使用縫紉機車縫（參照 p.48 的 Q24）。

做法 How to Do

❶ 沿著紙型，在皮革上以丸筆描繪記號線，剪裁完成後，先將前片的 B 色皮與左右
各一片的 A 色皮，拼貼縫合成一片完整的前片。

❷ 將內裡布與內裡夾棉使用熨斗燙貼後，以正面對正面，從反面縫成袋型，皮外袋
的做法也相同。縫好後，將皮外袋翻到正面，內裡袋保持反面朝外不變，套入皮
外袋中。

❸ 縫好的袋身，袋口可以粗略的平針縫，將內裡袋與皮外袋固定後，塞入上好膠的
口金框中，過程中可以錐子輔助塞入卡緊用的棉繩，最後確認都塞定位後，即可
在口金兩端接近固定軸的部位，以鑷子夾緊兩端的開口。

● 製作順序

③

②

①

● 排版方式

內裡布
15 公分

24.5 公分

內裡夾棉
15 公分

24 公分

A 色皮
15 公分

24 公分

B 色皮
7 公分

14.5 公分

● 製作方法（重點標示）

1. 前片的處理。

縫合

修剪

A 色皮（正面）　　B 色皮（正面）　　A 色皮（正面）

修剪

縫合

2-1. 內裡的處理。

薄夾棉

薄夾棉（上膠面）

內裡布（反面）

2-2. 皮外袋與內裡袋的縫合。

皮外片（反面）

縫合

內裡（反面）

2-3. 皮外袋與內裡袋的組合。

內裡袋（反面）

外片（正面）

將縫份左右攤開

3-1.

3-2.

以錐子施力塞入繩子。

隔一片厚布在塞好的口金邊緣，並以鉗子夾緊。

皮革新手的第一本書

夾片口金包

紙型見光碟 no_11

材料 Materials

A 色皮（軟皮）----------

厚約 0.1 公分、寬 38 公分、長 38 公分 1 片

厚約 0.1 公分、寬 23 公分、長 16 公分 1 片

B 色皮（軟皮）----------

厚約 0.1 公分、寬 35 公分、長 13 公分 1 片

內裡布 ---------- 寬 38 公分、長 42 公分 1 片

夾片口金 ---------- 寬 20 公分 1 組

皮用強力膠 ---------- 適量

手縫麻線 ---------- 適量（約為各處縫邊的 3 倍）

D 型環 ---------- 寬 1 公分 2 組

銅色肩帶鍊條 ---------- 長 120 公分 1 條

棉織帶 ---------- 寬 1.5～2 公分、長 65 公分 1 條

蝴蝶結裝飾用鍊條 ----------

粗約 0.4 公分、長 14 公分 1 條

毛球 ---------- 2 顆

串珠 ---------- 花色大小自訂 約 5 顆

＊可使用縫紉機車縫（參照 p.48 的 Q24）。

做法 How to Do

❶ 沿著紙型，在皮革上以丸筆描繪記號線，剪裁完成後，先將袋身需要摺疊的部位，於邊緣縫份處沾膠貼合固定。

❷ 將棉織帶沿著任一片皮外袋的正面邊緣沾膠貼合，若這裡的縫份是 0.5 公分，切記沾膠面不要超過 0.5 公分。待棉織帶貼合後，另一面皮外袋片，以正面朝織帶面以膠貼合後，從反面沿著邊緣 0.5 公分縫份車縫固定袋片，手縫或以縫紉機車縫都可以。內裡袋的做法也相同，接下來的步驟同 p.94 口金零錢包的做法 ❷ ，將裡外袋套在一起。

❸ 先將布帶耳以四摺方式車縫後，套入 D 型環，固定在皮外袋與內裡之間，然後將袋口包覆皮袋的邊緣，先沾膠貼合後以錐子鑿線孔，以平針縫方式縫合，即可裝入口金夾片。

❹ 蝴蝶結的做法，是先從長邊雙邊各內摺 3 公分，兩端再往中心摺後，以麻線固定，套上事先打好雞眼的蝴蝶結中心，先以膠黏再以手縫方式固定兩端即成。接著將毛球、串珠等裝飾物，依喜好以線縫或者 T 頭釘（參照 p.133 牛皮小花飾品）將其固定在蝴蝶結裝飾用鍊條上。最後將銅色肩帶鍊條裝上即可。

● 製作順序

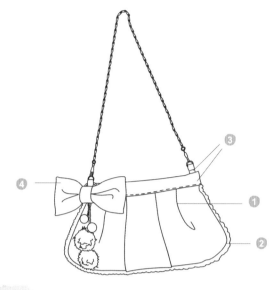

● 製作方法（重點標示）

布

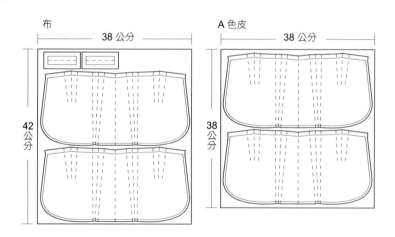

A 色皮

38 公分

42 公分

38 公分

38 公分

A 色皮

23 公分

16 公分

B 色皮

35 公分

13 公分

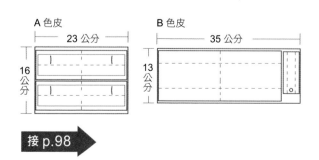

接 p.98 ➤

● 製作方法（重點標示）

1. 將所有摺子接近邊緣處以膠貼合。

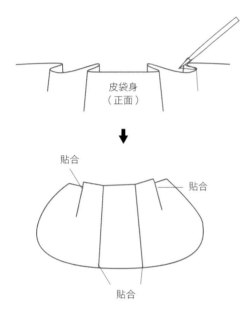

皮袋身
（正面）

貼合

貼合

貼合

2-2.

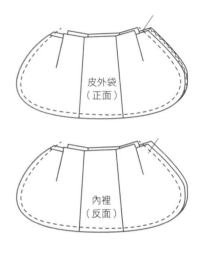

皮外袋
（正面）

內裡
（反面）

2-1.

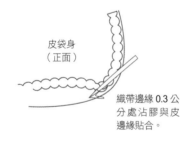

皮袋身
（正面）

織帶邊緣 0.3 公
分處沾膠與皮
邊緣貼合。

2-3. 皮外袋與內裡袋的組合。

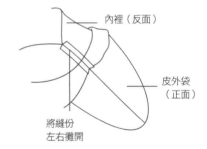

內裡（反面）

皮外袋
（正面）

將縫份
左右攤開

3-1. 布帶耳的處理方式。

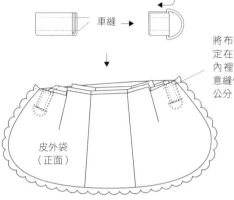

車縫 →

將布帶耳手縫固定在皮外袋和布內裡的中間。留意縫份保持在 0.5 公分。

皮外袋
（正面）

3-2. 袋口的處理方式。

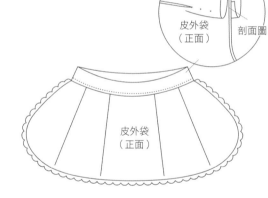

皮外袋
（正面）

剖面圖

皮外袋
（正面）

3-3. 安裝夾片口金。

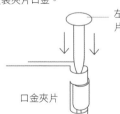

左、右夾片固定軸

口金夾片

夾片口金一組

4-1. 蝴蝶結做法。

蝴蝶結與蝴蝶結中心固定帶做法皆同。

4-2.

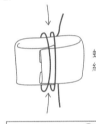

蝴蝶結中心以線綁緊固定。

（正面）

蝴蝶結中心固定其中一端釘上雞眼。

4-3.

中心固定帶從蝴蝶結背面往前繞一圈後固定。

以手縫固定蝴蝶結中心。

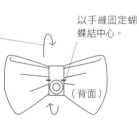

（背面）

皮夾

紙型見光碟 no_12

材料 Materials

A 色皮
厚約 0.2 公分、寬 19 公分、長 28 公分　1 片
B 色皮
厚約 0.1 公分、寬 20 公分、長 25.5 公分　1 片
磁釦　　　　直徑 1.4 公分　1 組
拉鍊　　　　18 公分　1 條
皮革邊油　　　　適量
皮用強力膠　　　　適量
手縫麻線　　　　適量（約為各處縫邊的 3 倍）

做法 How to Do

❶ 依照紙型裁剪皮革之後，先將裝飾帶貼好後打孔縫合（做法參照 p.37、43、46 的 Q17、Q21、Q 23）。

❷ 裝上磁釦（做法參照 p.57 的 Q32）後，釦裝飾和公磁釦的背面需貼合釦裝飾內層，再一起打線孔縫合，磁釦母片則固定於小口袋的正面上。因母片背面的磁釦金屬片外露，可以貼上一層薄皮來修飾（做法參照 p.57 的 Q32）。

❸ 小口袋的四周滾上皮革邊油（做法參照 p.23 的 Q9），靜置乾燥後再縫於袋身 a 的正面上。

❹ 依字母順序堆疊，袋身 a、b 以背面對背面重疊，袋口固定拉鍊（做法參照 p.55 的 Q30），袋身 b 的正面朝袋身 c 的正面，以錐子標出與袋身 b 的縫合處後，縫合記號線，上膠與袋身 b 貼合並打孔縫合，袋身 c 的背面朝外片袋底 d 的背面重疊，此時先將 c 與外片袋底 d 邊緣上膠後打孔縫合，再將剩下的袋身 a、b 袋三邊，也是邊緣縫份處上膠打孔後縫合，袋型皆縫合完成後，再於所有外露的皮革邊緣滾上皮革邊油（做法參照 p.23 的 Q9）即成。

● 製作順序

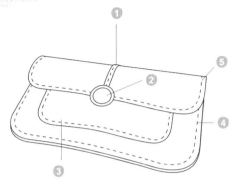

● 製作方法（重點標示）

2. 公釦安裝後，裝飾片的順序：

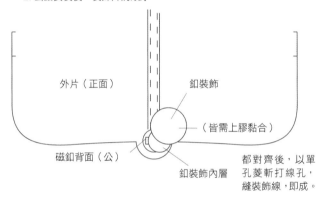

外片（正面）

釦裝飾

（皆需上膠黏合）

磁釦背面（公）

釦裝飾內層

都對齊後，以單孔菱斬打線孔，縫裝飾線，即成。

4. 各片重疊順序與正反面排法。

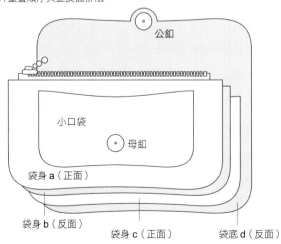

公釦

小口袋

母釦

袋身a（正面）

袋身b（反面）

袋身c（正面）

袋底d（反面）

● 排版方式

A 色皮

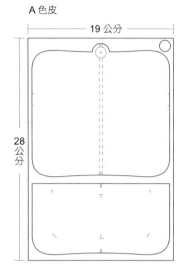

19 公分

28 公分

B 色皮

20 公分

25.5 公分

皮革新手的第一本書

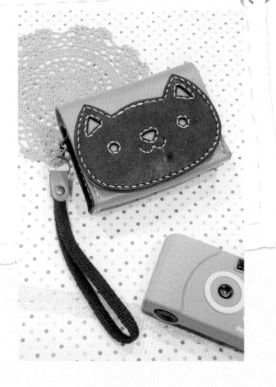

貓兒相機包

紙型見光碟 no_13

材料 Materials

A 色皮----------
厚約 0.2 公分、寬 17 公分、長 32 公分 1 片
B 色皮----------
厚約 0.2 公分、寬 12.5 公分、長 8.5 公分 1 片
磁釦 ------- 直徑 1.4 公分 1 組
D 型環 ------- 寬 1 公分 1 組
問號鉤------- 寬 1 公分 1 組
固定釦 ------- 直徑 0.8 公分 1 組
織帶 ------- 寬 1 公分 長 30 公分 1 條
皮用強力膠------- 適量
手縫麻線------- 適量（約為各處縫邊的 3 倍）

做法 How to Do

❶ 依照紙型裁剪皮革之後，先將磁釦分別固定在袋蓋與正面袋身（做法參照 p.57 的
Q32）。

❷ 沿著邊緣約 0.2 公分處，先將貓頭上眼、耳、鼻、嘴等邊緣的裝飾線打孔縫好，再貼
合重疊於袋蓋上，沿著貓頭的邊緣打孔，縫合固定。

❸ 將左右側面袋身貼在袋身上，沿著正面袋身、底、背面袋身邊緣 0.5 公分，以膠貼
合固定後，打孔縫合，袋身即成型，組合方式同方形零錢包。

❹ 在左邊側面袋身距離頂部邊緣 2.5 公分處，沾膠貼上已經套入 D 型環並對摺的皮袋耳，
參照 p.52 的 Q27 以固定釦固定皮袋耳。

❺ 將問號鉤的尾端套入已經沾膠的織帶耳，對摺的織帶開端對齊後也塗上強力膠，頂著
織帶耳中心和問號鉤尾端，與織帶耳貼合後，以固定釦將皮與織帶固定即成（做法參
照 p.52 的 Q27）。

● 製作順序

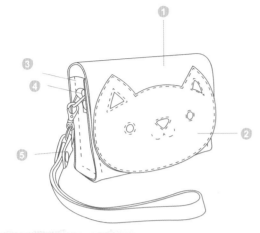

● 製作方法（重點標示）

2.5 公分

4. 在左邊側面袋身距離頂部邊緣 2.5 公分處，沾膠貼上已經套入 D 型環並對摺的皮袋耳，參考 Q27 以固定釦固定皮袋耳。

固定釦中心（孔位）

5-1. 將織帶對摺。

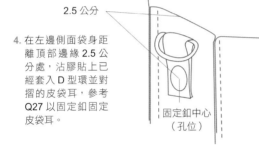

5-2. 將織帶耳跨過問號鉤環，包覆織帶末端。

● 排版方式

A 色皮

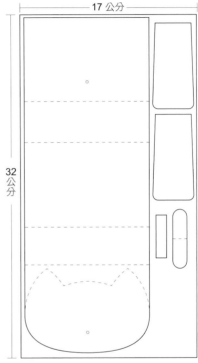

17 公分

32 公分

B 色皮

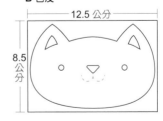

12.5 公分

8.5 公分

5-3. 在皮上打洞，織帶上以錐子撐出可讓固定釦軸心通過的孔位，安裝固定釦。

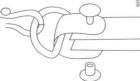

皮革新手的第一本書

熊兒鑰匙包

紙型見光碟 no_14

材料 Materials

A 皮（軟皮）————
厚約 0.2 公分、寬 23 公分、長 13.5 公分 1 片
B 皮（軟皮）————
厚約 0.15 公分、寬 23 公分、長 12.5 公分 1 片
鑰匙座————— 寬 4.7 公分 1 組
固定釦————— 直徑 0.6 公分 2 組
四合釦————— 直徑 1 公分 1 組
手縫麻線————— 適量（約為各處縫邊的 3 倍）

做法 How to Do

① 依照紙型裁剪皮革之後，先將熊眼、鼻打洞，嘴部以錐子畫好記號後，使用單孔菱斬打線孔，接著縫上裝飾線。

② 在鑰匙座內固定片上安裝鑰匙座，參照紙型打出孔位，再以固定釦固定（做法參照 p.52 的 Q27）。完成後以背面朝外片背面，在熊頭的相對位置上，以膠貼合於距離邊緣約 0.3 公分的縫份上。

③ 在外片熊爪上打一個小孔，供四合釦母片的表片軸心從外片正面穿過，母片底片則從外片背面套入軸心，依據紙型上所標的位置，公片底片則從肉面層穿出到正面套上表片（做法參照 p.53 的 Q28）。熊爪的正面與外熊爪的背面以膠貼合後，在距離邊緣 0.3 公分處，以邊線器做線記號並打孔縫合。

④ 將內口袋邊緣縫份處沾膠後，與外片的熊爪端背面對齊背面貼合固定。

⑤ 除了熊爪以外的邊緣，使用邊線器以 0.3 公分的邊距繪出縫線記號，接著打線孔縫合即成（做法參照 p.37、38、43、46 的 Q17、Q18、Q21、Q23）。

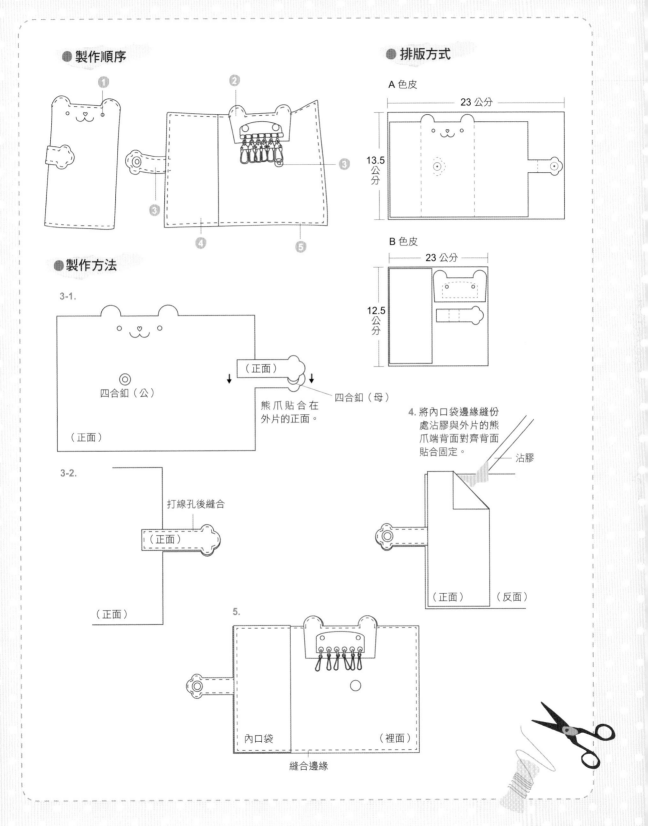

● 製作順序

① ② ③ ④ ⑤

● 排版方式

A 色皮

23 公分

13.5 公分

B 色皮

23 公分

12.5 公分

● 製作方法

3-1.

（正面）

四合釦（公）

（正面）

熊爪貼合在
外片的正面。

四合釦（母）

3-2.

打線孔後縫合

（正面）

（正面）

4. 將內口袋邊緣縫份
   處沾膠與外片的熊
   爪端背面對齊背面
   貼合固定。

沾膠

（正面）　（反面）

5.

內口袋　（裡面）

縫合邊緣

皮革新手的第一本書

小鳥包

紙型見光碟 no_15

材料 Materials

A 皮（軟皮）
厚 0.1 公分、寬 20 公分、長 26 公分 1 片
B 皮（軟皮）
厚 0.1 公分、寬 11 公分、長 13 公分 1 片
固定釦 直徑 0.8 公分 2 組、直徑 0.6 公分 5 組
拼布用銅拉鍊 長 15 公分 1 條
D 型環 寬 1 公分
（粗細需可以通過拉鍊頭縫隙）1 組
皮用強力膠 適量
皮革邊油 適量
＊ 可使用縫紉機車縫（參照 p.48 的 Q24）。

做法 How to Do

❶ 沿著紙型，在皮革上以丸筆描繪記號線，剪裁完成後，先在袋身開口處縫上拉鍊
（做法參照 p.55 的 Q30），需留意，當拉鍊拉到止點時，拉鍊頭要處於鳥尾端。

❷ 參照紙型的縫線位置，將兩片口袋四周邊緣滾上邊油，待乾後，分別以膠貼合邊
緣，縫合固定在袋身上。將兩組直徑 0.8 公分的固定釦，分別釘於袋身上接近拉
鏈的孔位，直徑 0.6 公分的 4 組固定釦，分別釘於兩片口袋的袋口兩端。以鑷子
去除拼布用銅拉鍊的原拉鍊頭，並換成 D 型環，接著將兩條皮拉鍊頭穿入 D 型
環後對摺，再以 0.6 公分的固定釦固定皮條（做法參照 p.52 的 Q27）。

❸ 將已經縫好拉鏈的袋身，以正面對正面、邊緣 0.5 公分處沾膠貼合後，車縫固定，
車縫前記得將拉鏈拉開，縫完後才能從袋口翻到正面。

● 製作順序

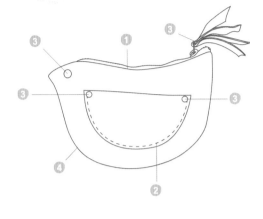

● 排版方式

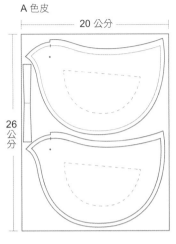

A 色皮

20 公分

26 公分

B 色皮

11 公分

13 公分

● 製作方法（重點標示）

1-1.

拉鍊兩端需反摺。

拉鍊（反面）

先以膠貼合皮和拉鍊後，縫合。

袋身（正面）

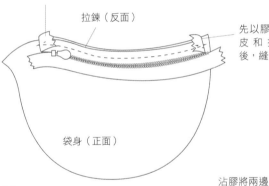

1-2.

沾膠將兩邊袋口縫份貼合在袋身上固定。

袋身（反面）

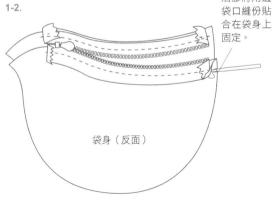

3-1.

將銅拉鍊（拼布用）的拉鍊頭使用鑷子去除，換成 D 型環，再固定上剪好的皮革，就成為獨一無二的自製拉鍊頭了。

3-2. 用鑷子將此處剪斷。

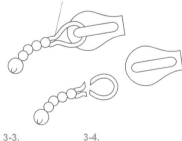

3-3.

用鑷子將連接點強制扳開，需要用力。

3-4.

裝上後，再將連結點調回原狀。

皮革新手的第一本書

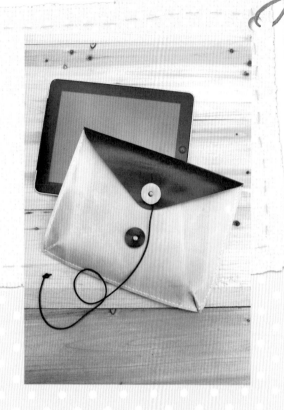

iPad 小衣

紙型見光碟 no_16

材料 Materials

A 皮----------
厚約 0.2 公分、寬 27.5 公分、長 43 公分 1 片
B 皮----------
厚約 0.2 公分、寬 27.5、長 13.5 公分 1 片
固定釦----------直徑 0.8 公分 2 組
手縫麻線----------適量（約為各處縫邊的 3 倍）
棉繩----------粗約 0.3 公分、長 60 公分 1 條

做法 How to Do

1 依照紙型裁剪皮革之後，先縫合兩片袋身袋底兩
   端的開口，以皮革的背面對背面，縫份 0.4 公分，
   打 3 個線孔縫合（做法同 p.82 的手機袋）。

2 固定袋蓋在袋後片，先貼合固定，再依據紙型上
   的記號線打孔縫線。

3 將袋前片與袋後片邊緣貼合後，距離邊緣 0.5 公
   分打線孔縫合固定。

4 以固定釦固定釦片，A 色釦片綁上棉繩釘於袋
   蓋，B 色釦片釘於袋身即成。

● 製作順序

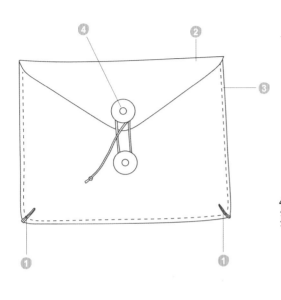

④

②

③

①   ①

● 排版方式

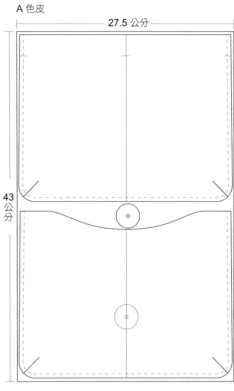

A 色皮

←――― 27.5 公分 ―――→

43
公分

● 製作方法（重點標示）

2. 先貼合固定，再打孔縫線。

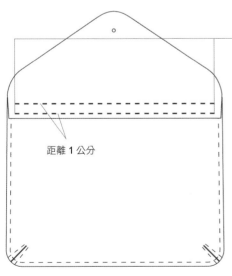

距離 1 公分

避開袋身
兩邊縫份
位置。

B 色皮

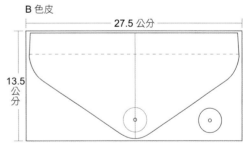

←――― 27.5 公分 ―――→

13.5
公分

皮革新手的第一本書

運用布料與皮革
搭配製作皮件

絲巾口金包
做法參照 p.122

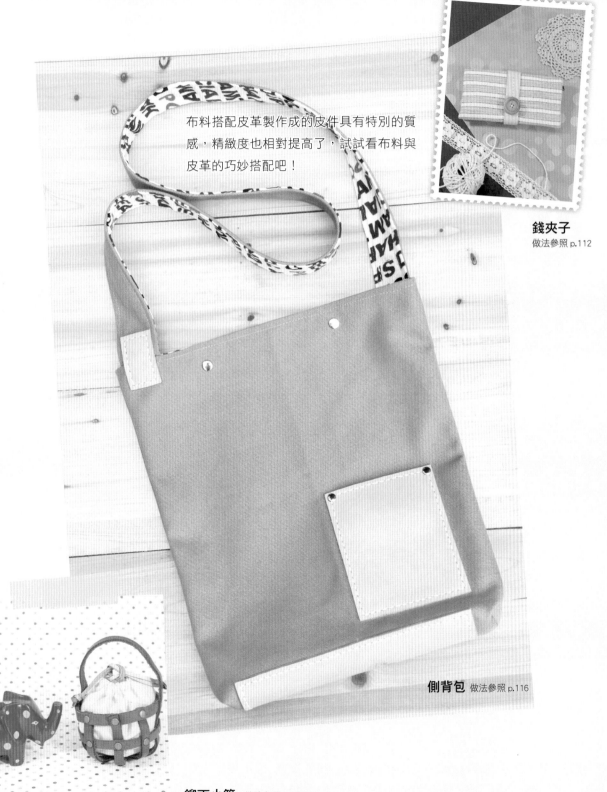

布料搭配皮革製作成的皮件具有特別的質感，精緻度也相對提高了，試試看布料與皮革的巧妙搭配吧！

錢夾子
做法參照 p.112

側背包 做法參照 p.116

鉚丁小籃 做法參照 p.119

錢夾子

紙型見光碟 no_17

材料 Materials

皮料（硬厚皮）	
厚約 0.2 公分、寬 25 公分、長 17 公分 1 片	
A 布	寬 21 公分、長 30 公分 1 片
B 布	寬 21 公分、長 22 公分 1 片
薄夾棉	寬 18 公分、長 19 公分 1 片
木釦子	直徑 3 公分 1 顆
暗釦	直徑 1.4 公分 1 組、直徑 1 公分 1 組
拉鏈	長 18 公分 1 條
手縫麻線	適量（約為各處縫邊的 3 倍）
皮用強力膠	適量

做法 How to Do

1. 分別將所需布片沿著紙型裁剪，皮革以丸筆描繪出輪廓並裁切後，先將拉鏈、拉鏈布口袋和布裡片車縫固定。

2. 黏貼縫合皮口袋在布口袋上、皮小口袋在拉鏈布口袋上（做法參照 p.62 的 Q36）。

3. 將布口袋、布口袋蓋縫合固定在布口袋上。

4. 燙貼薄夾棉在布外片的反面後，和已經將拉鏈、所有口袋固定好的布裡片縫合，留返口供翻到正面。翻正後整理外形，並以手縫藏針縫縫合返口。

5. 以菱斬在皮釦帶打線孔後，接著手縫固定在布外片上（做法參照 p.62 的 Q36），並縫上暗釦、木釦子即成。

● 製作順序

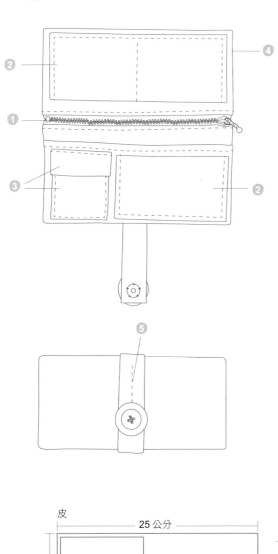

● 排版方式

A 布

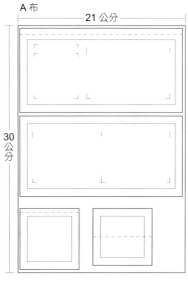

21 公分

30 公分

B 布

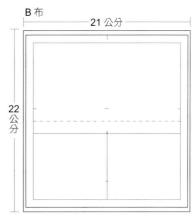

21 公分

22 公分

皮

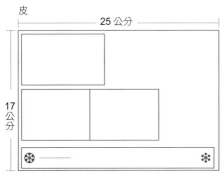

25 公分

17 公分

薄夾棉

18 公分

19 公分

接 p.114 ▶

皮革新手的第一本書

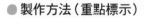

● 製作方法（重點標示）

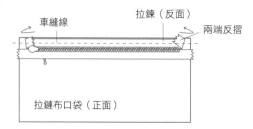

1-1.

車縫線　拉鍊（反面）

兩端反摺

拉鍊布口袋（正面）

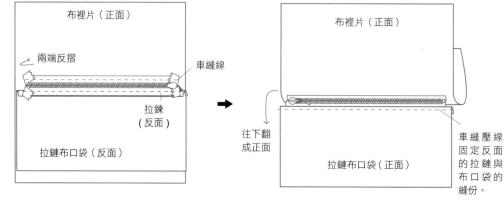

1-2.

布裡片（正面）

兩端反摺　　車縫線

拉鍊（反面）

拉鍊布口袋（反面）

往下翻成正面

布裡片（正面）

車縫壓線固定反面的拉鍊與布口袋的縫份。

拉鍊布口袋（正面）

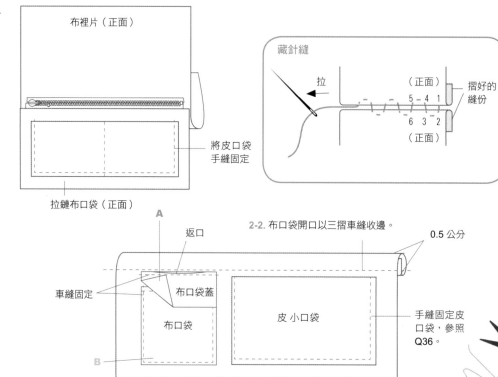

2-1.

布裡片（正面）

將皮口袋手縫固定

拉鍊布口袋（正面）

藏針縫

拉

（正面）

5 — 4　1

6　3　2

（正面）

摺好的縫份

2-2. 布口袋開口以三摺車縫收邊。

0.5 公分

A

返口

車縫固定

布口袋蓋

布口袋

皮 小口袋

手縫固定皮口袋，參照Q36。

B

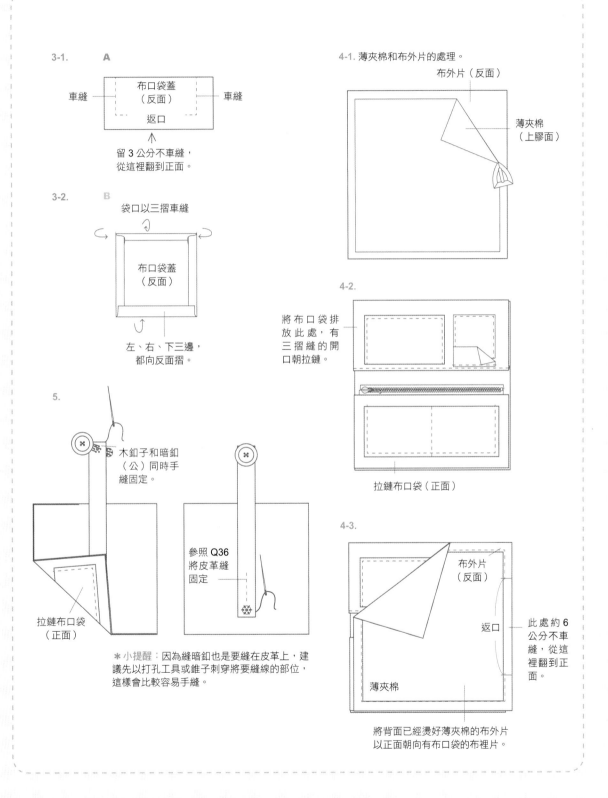

3-1.　　A

車縫 → 布口袋蓋（反面）← 車縫

返口

留 3 公分不車縫，
從這裡翻到正面。

3-2.　　B

袋口以三摺車縫

布口袋蓋（反面）

左、右、下三邊，
都向反面摺。

5.

木釦子和暗釦（公）同時手縫固定。

拉鏈布口袋（正面）

參照 Q36 將皮革縫固定

＊小提醒：因為縫暗釦也是要縫在皮革上，建議先以打孔工具或錐子刺穿將要縫線的部位，這樣會比較容易手縫。

4-1. 薄夾棉和布外片的處理。

布外片（反面）

薄夾棉（上膠面）

4-2.

將布口袋排放此處，有三摺縫的開口朝拉鏈。

拉鏈布口袋（正面）

4-3.

布外片（反面）

返口

此處約 6 公分不車縫，從這裡翻到正面。

薄夾棉

將背面已經燙好薄夾棉的布外片以正面朝向有布口袋的布裡片。

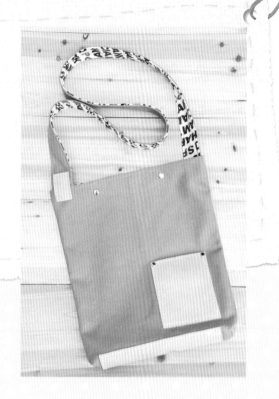

側背包

紙型見光碟 no_18

材料 Materials

皮料----------
厚約 0.2 公分、寬 20 公分、長 20 公分 1 片
帆布--------寬 40 公分、長 108 公分 1 片
裡布--------寬 40 公分、長 108 公分 1 片
四合釦--------直徑 1 公分 2 組
固定釦--------直徑 0.8 公分 2 組
手縫線--------適量（約為各處縫邊的 3 倍）
皮用強力膠--------適量

做法 How to Do

❶ 分別將所需布片沿著紙型裁剪，皮革以丸筆描繪紙型輪廓並裁切後，先將皮口袋袋口距離邊緣約 0.5 公分處縫上裝飾線（做法參照 p.43 的 Q21）後，將其他 3 邊上膠貼合在帆布袋身所標記的皮口袋位置（做法參照 p.62 的 Q36）。

❷ 將帆布袋身袋底縫合，並手縫固定皮袋底於帆布袋底。

❸ 將帆布與內裡肩帶正面對正面從反面縫合後，翻到正面，以熨斗燙平整齊後車縫兩條裝飾線。

❹ 將帆布與內裡袋身縫合成袋，在內裡袋的側邊留返口，並連同背帶一起從袋口縫合固定。

❺ 將皮飾片縫在背帶連接袋身處。

❻ 在袋口固定四合釦，皮口袋上釘固定釦（做法參照 p.52 的 Q27）即成。

● 製作方法（重點標示）　　　　　　　　● 排版方式

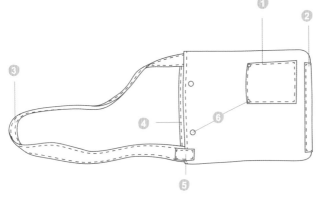

皮料

裡布

帆布

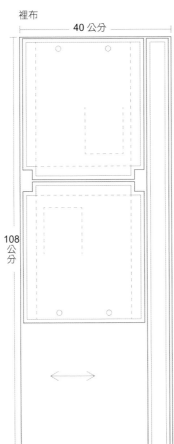

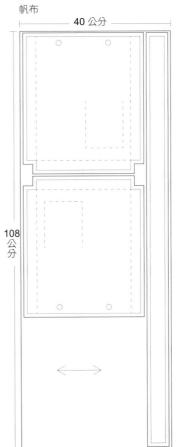

接 p.118

皮革新手的第一本書

● 製作方法（重點標示）

2.

帆布袋身（正面）

帆布袋身（反面）

帆布袋身
（正面）

車縫完袋底後攤開，皮袋底對齊帆布袋底後手縫固定。

3-1.

內裡背帶
（正面）

帆布背帶
（反面）

車縫

帆布背帶
（正面）

從兩端其中一端以長狀物輔助將背帶翻到正面。

3-2.

翻到正面後，分別在距邊約 0.4 公分處車縫裝飾線。

4-1.

帆布袋身和內裡袋身的袋型處理方式皆同，差別在內裡袋的單側邊需留 12 公分不車縫，之後從此處翻到正面。

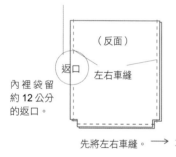

（反面）

返口

左右車縫

內裡袋留約 12 公分的返口。

（反面）

壓平後車縫

先將左右車縫。 → 再車縫袋底兩側的短邊。

4-2.

內裡面背帶
（正面）

內裡袋（反面）

套進去

帆布袋
（反面）

帆布面背帶
（正面）

4-3.

帆布袋（反面）

對齊後車縫一圈，再從裡袋預留的 12 公分返口翻正。

鉚丁小籃

紙型見光碟 no_19

材料 Materials

皮料----------
厚約 0.2 公分、寬 0.7 公分、長 21 公分 2 片
寬 0.7 公分、長 14.5 公分 3 片
寬 0.7 公分、長 29.5 公分 1 片
寬 0.2 公分、長 30 公分 1 條
布料--------寬 13.5 公分、長 23 公分 1 片
固定釦--------直徑 0.4 公分 17 組

做法 How to Do

① 分別將所需布片沿著紙型裁剪，皮革以丸筆描繪紙型輪廓並裁切後，先將布縫成束口袋。

② 製作皮小籃，依據紙型上的圓孔位置，以圓孔打具鏤出孔位後，如製作方法的圖組合即成。

接 p.120

● 製作順序

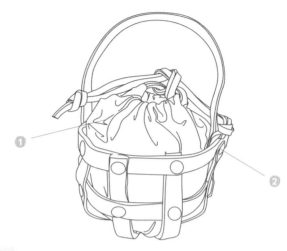

● 製作方法（重點標示）

1-1. 紙型標註「雙」，意即將布對摺直接裁剪，攤開後即為相同的形狀。

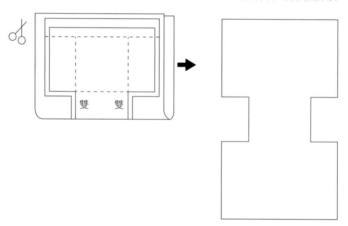

1-2. 束口袋的做法。

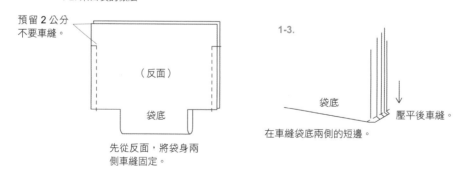

預留2公分
不要車縫。

（反面）

袋底

先從反面，將袋身兩
側車縫固定。

1-3.

袋底

壓平後車縫。

在車縫袋底兩側的短邊。

1-4.

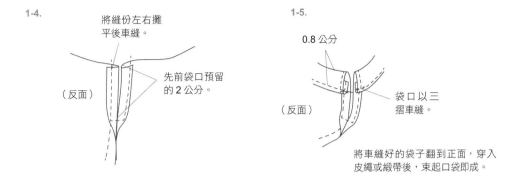

將縫份左右攤平後車縫。

（反面）

先前袋口預留的 2 公分。

1-5.

0.8 公分

（反面）

袋口以三摺車縫。

將車縫好的袋子翻到正面，穿入皮繩或緞帶後，束起口袋即成。

2-1. 將三短一長的皮直條以固定釦固定。

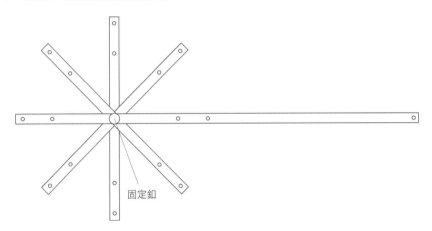

固定釦

2-2. 將兩條皮橫條依序固定在直條上。

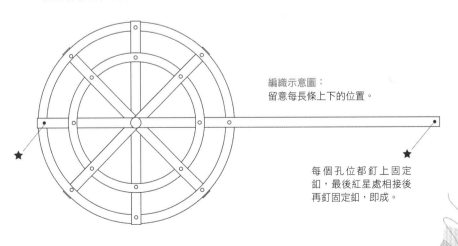

編織示意圖：
留意每長條上下的位置。

每個孔位都釘上固定釦，最後紅星處相接後再釘固定釦，即成。

皮革新手的第一本書

絲巾口金包

紙型見光碟 no_20

材料 Materials

軟皮	
厚約 0.15 公分、寬 30 公分、長 38 公分 1 片	
內裡布	寬 30 公分、長 39 公分 1 片
薄襯	寬 30 公分、長 39 公分 1 片
口金	寬 19.5 公分 1 組
D 型環	寬 1 公分 2 組
鐵鏈背帶	120 公分長 粗細適中 1 條
正方形絲巾	寬 60 公分、長 60 公分 1 條
皮用強力膠	適量

做法 How to Do

1. 分別將所需布片沿著紙型裁剪，皮革以丸筆描繪紙型輪廓並裁切後，先製作 D 型環固定耳和絲巾套圈。

2. 將 4 片布內裡分別燙貼薄夾棉後，依照對接記號縫合成前、後布內裡袋身片，皮袋身除了不需燙貼薄夾棉外，其他做法相同（夾棉燙法參照 p.94 口金零錢包）。

3. 將內裡片、皮袋身片縫合成袋（做法參照 p.94 口金零錢包）。

4. 將 D 型環固定耳和絲巾套圈分別固定在紙型上的指定位置後，安裝口金框即成（裝法同 p.94 口金零錢包）。

＊絲巾可選擇裝上或拿下，裝法依個人喜好作變化。

● 製作順序

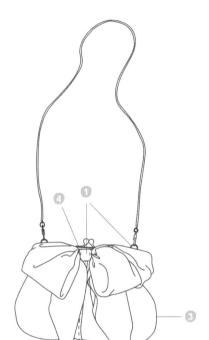

④ ① ③ ②

● 排版方式

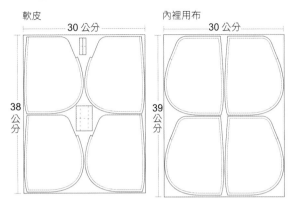

軟皮
30 公分
38 公分

內裡用布
30 公分
39 公分

薄襯
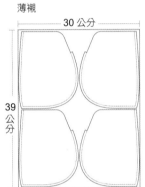
30 公分
39 公分

● 製作方法（重點標示）

1-1. D型環固定耳、絲巾套圈做法。

內部先以刮刀
沾強力膠貼合。

車縫固定。

1-2. 兩端 D 型環固定耳的做法。

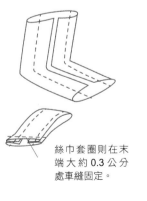

絲巾套圈則在末
端大約 0.3 公分
處車縫固定。

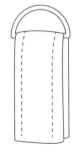

D 型環固定耳套
上 D 型環。

皮革新手的第一本書

手機吊飾 做法參照 p.132

PART❹

零碼皮不浪費

相機背繩 做法參照 p.126

記憶卡套 做法參照 p.130

牛皮小花飾品
做法參照 p.133

印章小袋
做法參照 p.128

相機背繩

紙型見光碟 no_21

材料 Materials

皮料
厚約 0.2 公分、寬 3.5 公分、長 3 公分 4 片
皮條　　　　厚約 0.1 公分、寬 2.5 公分、長 50 公分 1 條
細織帶　　　寬 1 公分、長 40 公分 2 條
布料　　　　寬 6 公分、長 50 公分 1 條
日型環　　　寬 1 公分 2 組
口型環　　　寬 1 公分 4 組
皮用強力膠　　　適量

＊本作品建議選用軟、薄皮革，並以縫紉機車縫。

做法 How to Do

❶ 分別將所需布片與皮革沿著紙型裁剪，先將布條依照紙型的摺線正面朝外往反面摺，以
熨斗燙平。

❷ 將皮條貼合在布條上後，距離邊緣約 0.3 公分處，以縫紉機車縫固定（做法參照 p.48 的
Q24）。

❸ 將背繩固定皮片，兩端各 2 片，以背面對背面，中間夾剛剛車縫好的寬皮布背帶和細織
帶，以膠充分貼合後，使用縫紉機在距離邊緣 0.5 公分處車縫固定（兩端處理方式皆同）。

❹ 套上日型環與口型環即成（做法參照 p.54 的 Q29）。

小叮嚀：可以剪一小塊皮來包覆織帶末端，這樣就不會虛邊了。

● 製作順序

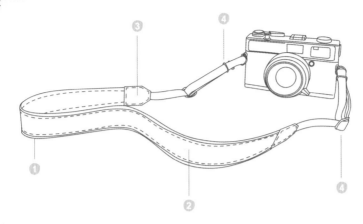

● 製作方法（重點標示）

1.

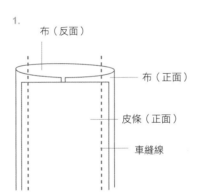

布（反面）

布（正面）

皮條（正面）

車縫線

3-2.

車縫線

小叮嚀：使用一小塊皮料包覆織帶末端。

織帶

3-1.

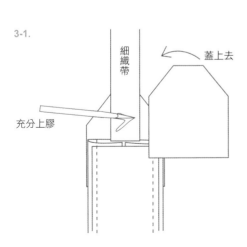

細織帶

蓋上去

充分上膠

4.

口型環是用來固定織帶的鐵圈。

印章小袋

紙型見光碟 no_22

材料 Materials

羊皮（軟）----------
厚約 0.2 公分、寬 12.5 公分、長 7 公分 2 片
拉鍊 -------- 長 10 公分 1 條
＊可使用縫紉機車縫（參照 p.48 的 Q24）。

做法 How to Do

1️⃣ 沿著紙型，在皮革上以丸筆描繪記號線，剪裁完成後，先在袋身開口處
縫上拉鍊（做法參照 p.55 的 Q30）。

2️⃣ 依據紙型的縫線記號，從反面車縫剩下的三邊並且抓底，翻到正面後即
完成。

● 製作順序

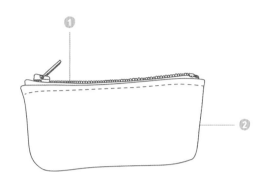

1-3. 從正面攤平拉鍊和袋身，車縫兩道固定縫份的線。

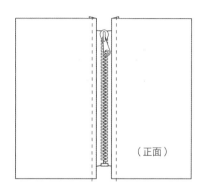

（正面）

● 製作方法（重點標示）

1-1. 先車縫單邊拉鏈。

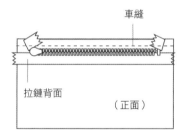

車縫

拉鏈背面 （正面）

1-2. 接著車縫另一邊的拉鏈。

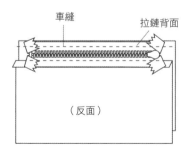

車縫　　　拉鏈背面

（反面）

2-1. 從反面要車縫三邊時，要先把拉鏈拉開，方便車縫完成後翻到正面。

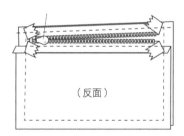

（反面）

2-2. 從袋底的兩端，抓起兩個相同大小的三角形車縫固定，增加袋子底部的空間，稱為抓底。

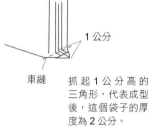

1公分

車縫　　抓起1公分高的三角形，代表成型後，這個袋子的厚度為2公分。

記憶卡套

紙型見光碟no_23

材料 Materials

皮--------
厚度 0.1～0.2 公分、寬 13 公分、長 11 公分 1 片
四合釦--------直徑 1 公分 1 組
＊建議選用薄、軟皮製作。

做法 How to Do

❶ 沿著紙型，以丸筆描繪記號線，剪裁完成後，先將孔位鏤出。

❷ 如果皮革夠柔軟，則可免去使用濕布沾水濕潤。將皮革 a、b、c 朝肉
面層摺疊，並裝上四合釦，蓋片打上母釦組，身片重疊處打上公釦組
（做法參照 p.53 的 Q28）即成。

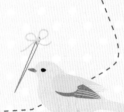

● 製作順序

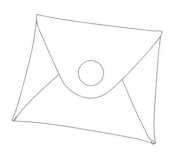

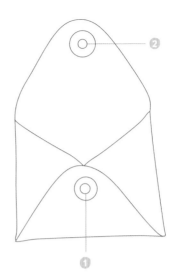

● 製作方法（重點標示）

2-1. 肉面層朝自己，將a、b兩邊內摺。

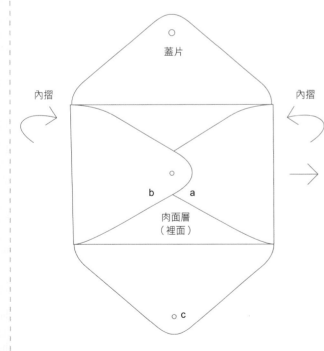

蓋片

內摺　　　　　　　　　　　內摺

b　　a

肉面層
（裡面）

○ c

2-2. a、b、c都重疊後，即可安裝四合釦公釦，蓋片處安裝母釦。

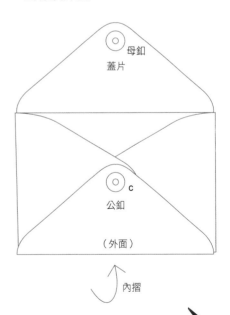

母釦
蓋片

c
公釦

（外面）

內摺

皮革新手的第一本書

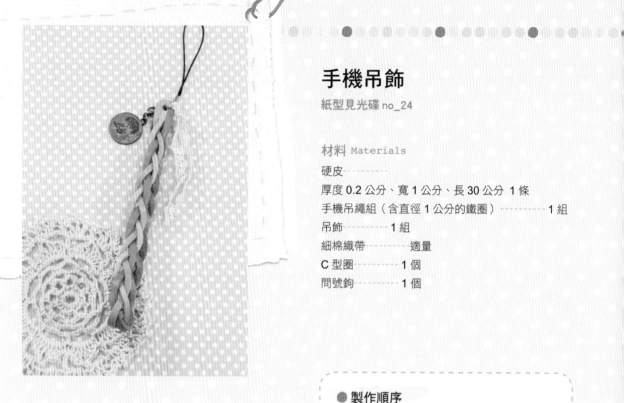

手機吊飾

紙型見光碟 no_24

材料 Materials

硬皮----------
厚度 0.2 公分、寬 1 公分、長 30 公分 1 條
手機吊繩組（含直徑 1 公分的鐵圈）----------1 組
吊飾----------1 組
細棉織帶----------適量
C 型圈----------1 個
問號鉤----------1 個

做法 How to Do

❶ 沿著紙型，在皮革上以丸筆描繪記
　號線，剪裁完成後，先將中間兩條
　直線裁好，接著參照 p.56 的 Q31
　將皮辮子編好。

❷ 以鑷子輔助，組合問號鉤、C 型圈
　及吊飾（做法同 p.86 捆式筆袋的
　綁繩末端吊飾）。

❸ 依喜好綁上細棉織帶與手機吊繩組
　即成。

● 製作順序

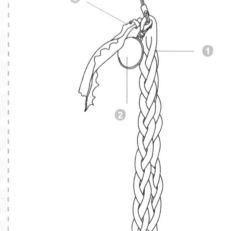

牛皮小花飾品

紙型見光碟 no_25

材料 Materials

硬皮 ──────── 厚度 0.2 公分 適量

T 頭釘 ──────── 適量

（與花朵、塑膠珠數量相對應）

鍊條 ──────── 長 19 公分

塑膠珠 ──────── 適量

做法 How to Do

① 沿著紙型，在皮革上以丸筆描繪記
號線，剪裁完成後，使用水、吹風
機作輔助，用手捏花型，再以固定
串珠用的 T 頭釘加上塑膠珠當花心
串起花瓣即成。

＊小花做法同大花。

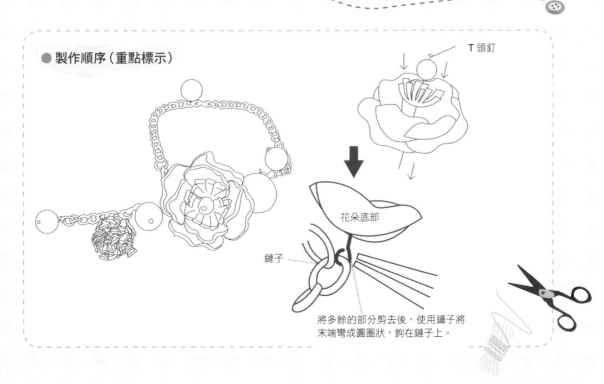

● 製作順序（重點標示）

T 頭釘

花朵底部

鏈子

將多餘的部分剪去後，使用鑷子將
末端彎成圓圈狀，鉤在鏈子上。

材料工具哪裡買？

製作皮件時所需的工具與材料，該去哪裡買呢？除了實體店面之外，網拍也是個好選擇。這邊提供一些店家資訊，建議大家前往之前，先打電話詢問營業時間。

協和工藝材料行（皮雕材料、首飾配件）
台北市天水路 51 巷 18 號 1 樓
02-25559680
02-25593374

皮皮挫皮革屋（皮雕材料、五金配件）
台中市南區復興路一段 265-8 號
0931-270628
04-2263-2591

承薪企業有限公司（手藝教材、五金配件）
中和店：新北市中和區建康路 103 號
02-22222300
臺北店：台北市大同區延平北路一段 72 號
02-25590500

溪水鞋釦工藝社（五金配件、口金）
台北市長安西路 278 號
02-25583957
02-25586004
02-25586980

溪水製作所（五金配件、口金）
台南市正興街 40 號
06-2227911

華興布行（布料）
台北市迪化街一段 21 號 2 樓 2018 室
（永樂市場 2 樓）
02-25593960

瑞山手工藝有限公司（布料）
桃園市民生路 325 號
03-3379000

薇琪拼布（布料）
台中市興安路二段 453 號
04-22435768

台灣喜佳台南旗艦店（布料）
台南市中正路 69 號
06-2200618

隆德貿易（布料）
高雄市復興二路 25-5 號
07-5377198

有購皮皮革舖（皮革）
http://tw.user.bid.yahoo.com/tw/user/Y322437
5085&u=:Y3224375085&tp=?userID=Y32243
75085&catID=&catIDselect=&clf=&u=:Y3224
375085&s1=end&o1=a&at=true

玩皮時尚屋（皮革）
http://class.ruten.com.tw/user/index00.
php?s=852644

Memo

朱雀文化　朱雀文化和你快樂品味生活

COOK 50 系列

hands36 **皮革新手**的**第一本書** 圖解式教學＋Q&A呈現＋25件作品＋影像示範，一學即上手！

作者｜楊孟欣
攝影｜楊孟欣
美術設計｜鄭寧寧、鄭雅惠
編輯｜呂瑞芸
校對｜連玉瑩
行銷｜呂瑞芸
企劃統籌｜李橘
總編輯｜莫少閒

出版者｜朱雀文化事業有限公司
地址｜台北市基隆路二段13-1號3樓
電話｜02-2345-3868
傳真｜02-2345-3828
劃撥帳號｜19234566
　　　　　朱雀文化事業有限公司
e-mail｜redbook@ms26.hinet.net
網址｜http://redbook.com.tw

總經銷｜成陽出版股份有限公司
ISBN｜978-986-6029-32-5
初版一刷｜2012.11
定價｜360元
出版登記北市業字第1403號
全書圖文未經同意不得轉載和翻印
本書如有缺頁、破損、裝訂錯誤，請寄回
本公司更換

國家圖書館出版品預行編目資料
皮革新手的第一本書
圖解式教學＋Q&A呈現＋25件作品＋
影像示範，一學即上手！
楊孟欣著
－－初版，台北市，朱雀文化，
2012.11[民101]
144面，18.5x23.5公分（Hands036）
ISBN 978-986-6029-32-5（平裝）
1.皮革　　　　　　　　　426.65

About 買書

●朱雀文化圖書在北中南各書店及誠品、金石堂、何嘉仁等連鎖書店均有販售，如欲購買本公司圖書，建議你直接詢問書店店員。如果書店已售完，請撥本公司經銷商北中南區服務專線洽詢。
北區（03）358-9000、中區（04）2291-4115和南區（07）349-7445。
●●至朱雀文化網站購書（http://redbook.com.tw），可享85折。
●●●至郵局劃撥（戶名：朱雀文化事業有限公司，帳號：19234566），
掛號寄書不加郵資，4本以下無折扣，5～9本95折，10本以上9折優惠。
●●●●親自至朱雀文化買書可享9折優惠。

皮皮挫皮革屋

各類皮革材料。皮件五金。手工DIY工具。皮件訂製

ADD：台中市南區復興路一段265-8號
TEL：(04)22632591
FAX：(04)22659573

營業時間：
中午12:00～晚間10:00(週三～週六)
中午12:00～晚間　6:00(週日～週一)
週二公休